JN085023

MAKING PICTURES

「画作り」

の 考え 方

イラストの魅力を伝える

編 西田あすか
編著 榎本秋 鳥居彩音 榎本事務所

技術評論社

はじめに

　イラストを描くみなさんは、上達のためにどのようなことをしていらっしゃるだろうか？デジタルソフトの使い方から、画力向上のための模写やクロッキー、デッサンの勉強をされる方もいるだろう。画力や技術力を上げるためには、毎日コツコツと手を動かすことが必要だということは、すでにみなさんはよくわかっていることかと思う。

　しかし、本書では、技術・技法的なテクニックはほとんど紹介していない。本書で指摘している部分は、そもそものイラストの内容や構成といった「考え方」の部分だ。

　絵が描けることだけに満足して楽しむだけなら自己完結で済むのだが、プロを目指そうと思っていたり、より多くの人の目に留まるイラストにしたいと思っているなら、イラストの技法だけではなく、「どんな内容のイラストにするか」「どこをどう見せたいイラストなのか」「意図を伝えるためにはどのような構図や配色にするか」といった画作りの考え方をぜひ取り入れてみていただきたい。

　プロのイラストや多くの人を魅了するイラストは、見どころや情報量が多いこともポイントだと言われるが、言い換えると「1枚のイラストで伝わる魅力が多い」ということだ。前提として画力や技術力が高いのにプラスして、伝え方に長けているのである。逆に、同じ画力なら「伝え方のノウハウ」を知っていることで、格段に目を惹く・印象的なイラストを描くことができるのだ。

　そこで本書は、榎本事務所が各種教育機関で実際に行っている、キャラクターイラストレーション制作実習の授業・指導内容をベースに、イラストの練習に役立つ内容を再編成した。各Chapterで紹介している12のお題も、実際に授業で取り組んでいただくものだ。本書では、イラストレーターの幸原ゆゆさんにご協力いただき、12のお題を元にイラストを制作してもらった。

　ぜひみなさんには、本書を読み進めながら同じお題でイラストを描いてみて欲しい。お題の内容は自分なりに解釈しても良いし、本書に書いてある設定を使って新たにキャラクターをデザインしても構わない。12のお題にしたのは、最低でも1ヶ月に1枚イラストを完成させていただければと思うからだ。つまり1年で12枚のオリジナルイラストができることになる。お題の内容はできる限りバリエーションが出せるようなものにした。

　本書を足掛かりに、ぜひ「脱・初心者」をしてステップアップしていただくことを願う。

榎本事務所

Contents

イラストレーター紹介

幸原ゆゆ
Yuyu Kouhara

『マンガで分かりやすい！ れもんちゃんゼロからイラストはじめます』（パイインターナショナル）・『ド田舎の迫害令嬢は王都のエリート騎士に溺愛される』（DRE コミックス）等でマンガ・イラストを手掛ける。『初音ミクぐらふぃコレクションなぞの音楽すい星』イラストなど、ソーシャルゲーム・書籍を中心に活動中。可愛いものが好き。

https://twitter.com/k0uhara

Chapter0
画作りという考え方

　イラストツールの発達により、誰でも
気軽にイラストを制作できるようになっ
た。プロとの違いはなんだろうか？

01 描いてみたけど何かが違う

漠然とした「何か」を具体的にする

　イラストを描く時にみなさんは何を意識して描いているだろうか？　キャラクターの見た目、配色、構図、設定と考えることは無限にあるように感じるかもしれない。イラストを描く時に考えているそれら全ては「画作り」になる。

　画作りいう言葉自体は、元々は写真や映像のカメラマンが用いる言葉である。ただなんとなくカメラのレンズを被写体に向けるのではなく、配色や構図の心理的な作用も考えながら、意図的に狙った効果が出るようにカメラで撮影することだ。一流のアニメ監督やゲームのCGクリエイターも、同様にキャラクターを演者と位置付けてこの画作りを意識して制作している。

　イラストを描き続けているものの、「なんだか納得いかない」「自分のイラストが思うように評価されない」と悩んでいる人もいるだろう。そういう人はぜひ、改めてこの画作りをする意識がどのくらいあるのか、見直してみてほしい。

　あわせて大切なのは、漠然とネガティブな評価を自分自身に下さないことだ。なぜ描くものに納得がいかないのだろうか？　納得がいかないポイントをすべて書き出してみよう。スランプを打開するためには、ひとつずつ具体的にして解決策を模索していくしかない。

　莫大な量になり途方にくれてしまうこともあるだろう。一気にそれらを解決しようとすると、せっかく具体的にしたものがまた霧散のごとく漠然としてしまう。一番気になる部分に絞って取り組んでも良いし、解決がしやすいポイントから着手しても良いだろう。ひとつひとつでも解決させていけば、自分の思う「納得」に近づいていくはずだ。

自分の理想や目指す目標を定めよう

　漠然と自分のイラストに納得がいっていない人は、目標は明確になっているだろうか？　イラストにおける目標は人それぞれだが、何をどうしたらいいかいまいちピンと来ないのなら、まずは自分の理想形とも言えるようなイラストレーターを見つけよう。作品単体や複数のイラストレーターを選ぶよりは、まずはイラストレーター1人に定めるのが良い（多いと目移りしてしまうため）。

　プロのイラストはあまりにも遠い存在に感じる、という人は身近な人や持っているマンガなどでも良い。

　なぜそうする必要があるかといえば、目標を定めることで自分に足りてない箇所を洗い出すことができるからだ。比較するのではなく、自分の理想に近づけるためにはどうしたら良いのかを考える材料とする。やることをピックアップできたら、山登りのように一歩ずつ理想に近づいていくことができるだろう。

　上達は一気にレベルアップするものではないし、明確な終わりが来るわけではない。プロのイラストレーターで長年描き続けている人に話を聞いても、日々「もっとこうしたい」という改善欲求や目標があるという。

　イラストを上達していくうえで大切なことは、1枚1枚をしっかり完成させていくことだ。完璧主義が強い人は途中で自分のイラストに納得がいかず、描くのをやめてしまうかもしれない。しかしそれでは画づくりが途中になってしまう。もっと言えば「思うように描けなかった」というネガティブな思いが強くなり、学びが薄まってしまう。納得いかない仕上がりであっても、1つ小さなポイントでも目標に近づいた点をつくりながら完成させてほしい。

　この Chapter ではイラストを描いていく際に、魅力的な画作りを考えるための基本について触れていく。

02 プロはどこが違うのか

人が魅力に感じるプロセスを知る

「魅力」を辞書でひくと、「人の気持ちを引き付けて夢中にさせる力」とある。つまり、イラストを見た人が、気持ちを引き付けられ目が離せないほど夢中になる絵＝魅力的なイラストとも言える。

よく、魅力を感じる要素に外見を挙げることも多い。確かにリアルの人間同士では特に第一印象で「良いな」と思わせるためには、見た目が魅力的かどうかは大きく影響する。イラストで言えば、キャラクターの見た目＝キャラクターデザインだ。初対面で印象が良いとされる表情は一般的に「相手の目を見て、口角を上げた明るい表情」とされるが、これをイラストに置き換えると「キャラクターがカメラ目線で笑顔のイラスト」になるだろう。第一印象に左右される本の表紙などで、カメラ目線・笑顔のイラストが多いのにはこういった理由もあるのかもしれないが、イラストの場合は一概に笑顔だから魅力を感じるとも言い切れないだろう。

では他に、そもそも人はどんな時に対象に対して魅力を感じるのか考えてみたい。アイドルや俳優などに対してかわいい、きれい、かっこいいと感じるのは相手に外見的な魅力を感じているのだろうし、外見的な印象以外にも歌や芝居など、何かに打ち込んでいる姿に感動や魅力を強く感じるからではないだろうか。旅行に行って美しい場所に魅力を感じることもあるだろう。

もうひとつは、類似性だ。見る人が自分と似ている対象に対しては魅力を感じやすい。気の合う友人に魅力を感じたり、社会的地位が自分と近かったりすると好意を持ちやすいのだ。イラストで言えば、キャラクターの年齢や性格や生い立ちなどの、自分と類似する部分に共感して魅力を感じる。

人が魅力を感じるには、身近なものではなく日常からかけ離れた見た目や状

況があるという説もある。イラストも架空の空間にいる架空のキャラクターたちという状況がすでに身近な日常とはかけ離れており、イラストという媒体自体が魅力的でもあるだろう。人気絵師と呼ばれているような旬のイラストレーターの作品はこういった魅力を感じるポイントが総合的に多く、人気を獲得しやすいとも言える。

考えをまとめる方法

　イラストを魅力的にする画作りの要点を解説していく前に、何を描いていくのかを考えていきたい。イラストを描き出す際になんとなく頭に浮かんでいるイメージだけでは途中で描きたいものが変わってしまったり、思いつきで要素を増減すると仕上がったイラストもまとまりのないものになってしまう。

　考えをまとめるためには、目に見える形で書き出すのが一番だ。思い浮かぶキーワードを文字に書き出してみよう。「うさぎ、女の子、追いかけている」「青空、手をつなぐ、男女、ファンタジー」といった風にとにかく思い浮かぶものをすべて書き出してみよう。一度頭に思い浮かんでいるキーワードをすべて書き出して、そこから取捨選択をしながら具体的に何を描くか定めていく。

　そもそも頭の中に浮かばないという場合は、連想ゲームをイメージするとアイディアが湧く手助けとなる。連想ゲームはイラストのみならず創作全般でよく用いられる方法でもある。ただ文字に書き出すだけでも良いが、ひとつのテーマやキーワードから枝葉のように作図を広げていくマインドマップもおすすめだ。これは企業や大学のブレイン・ストーミング（ブレスト）でも採用されている。

マインドマップ

　まず頭に浮かんだひとつのキーワードを真ん中に置く。中心となるキーワードから、連想する単語やものを放射状に線でつなぎ広げていこう。決まりは無いので自由に広げていき、最終的にイラストの要素として採用するものや描きたいものを整理して決めていく。マインドマップは複数になっても構わない。

　考えをまとめて何を描きたいのか・どんなイラストを描きたいのかを具体的に決めることで、画作りを考えるスタートラインにつく。イラストのアイディアをまとめるのと同時に、自分がこのイラストでどんなポイントに挑戦したり大切にしたいのかも整理して文字にしておくとより良いだろう。

11

03 画作りを考える4つの要素

「構図」「場面」「演出」「アングル」

イラストの画作りにおいて、本書で重要だと位置づける4つの要素がある。

キャラクターの配置や見る人の視線を誘導するために考えるべき「構図」。どんな背景でなにをしているイラストなのかシチュエーションを定める「場面」。表情やライティング、意図的な配色といった「演出」。見せたいものをどこからどの角度でどのくらいの距離から映すと良いのかといった「アングル」がそうだ。

もちろん他にもデザインやデッサン・技法といった必要な要素はたくさんあるが、それらはたゆまぬ練習やセンスを磨くためのインプットを長期的に行う必要がある。画作りの考え方は、マインドの知恵だ。すぐに取り入れることができることが多いということもポイントである。逆に、どんなに練習をしていてもこの画作りのマインドがないイラストは、見る人に本来伝えたい魅力が届かないと言っても過言ではない。

イラストを描く人にとって何を一番大切にするかは人それぞれだが、見る人が感じる魅力や感動の仕組みはこの画作りのマインドから生まれる。

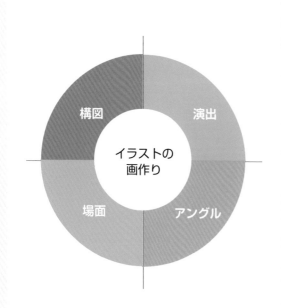

構図

　構図を考えるうえで、まず先に覚えておきたいことがある。それは「フレーム」の考え方だ。フレームは直訳で「枠」。カメラやスマホを被写体に向けると四角い枠で囲われている。カメラの場合、「被写体（空間）を切り取る」という言い方もする。フレーム（イラストでいえば「用紙の枠」）の中に見せたいものを切り取ることがフレーミングだ。

　フレーミングで枠の中に切り取った被写体や背景といった要素を、より効果的に見せるために配置することが「構図を考える」ということになる。

　カメラで撮影する写真や、ビデオカメラを使う映像や映像技術を多く使っているアニメ制作などでは基礎的な考え方だ。しかし、イラストを描く人にとってキャラクターや見せたいものが被写体であり、それを用紙の中にフレーミングするという捉え方はあまり馴染みがないかもしれない。しかし、画作りをするうえでは大切なプロセスだ。

　フレーミングが上手い人は、見せたいものが明確だ。イラストを描く人でも簡単にできる練習方法もある。自分の好きなフィギュアやぬいぐるみ・あるいはフォークやスプーンでも良いので被写体を目の前に置こう。自撮りでも構わない。スマホのカメラ機能で、その被写体をイラストの用紙にどう入れるか考えながらフレーミングしてみるのだ。被写体の魅力を引き出すべく、どのようにフレーミングしただろうか。頭でなにをどう考えたのかも意識してほしい。

　続いて、フレーミングしたものを「画面内にどう配置するか」と考えよう。中央に被写体を配置すれば日の丸構図の完成だ。異なる配置にすれば、構図はまた変わり見た印象も異なる。

　構図を考える前にフレーミングをするということは「そもそも何を見せたいのか」を考えてから構図を決めていくことなのだ。

　本書の中でもいくつか基本的な構図を紹介していくが、世の中にはたくさん

の構図の効果や法則が研究されていて、公開されている。構図専門の書籍も多く出ているし、インターネットで「構図　イラスト」と検索するとさまざまな切り口で紹介された構図のテクニックが出てくる。では、なぜ構図のテクニックを習得するべきなのだろうか？

　フレームにも動的に入れる・静的に入れる・余白の効果……といった切り取り方によってイラストに及ぼす印象の効果はあるのだが、それは個人の主観や感じ方にもよるところがあり定型はないとも言える。しかし構図は、イラストに限らず絵画・写真・映像・広告と枠を使うもので広くよく用いられる客観的な基準だ。構図を活用することで、目線の流れを制作側が誘導することも可能になってくる。つまり、構図が持つ効果や役割を理解してイラストを制作していくことで、より多くの人に「魅力的だ」と見せたいものが伝わるイラストに変化していくのだ。

　イラスト中級者が乗り越えるべき壁は「人に伝わるイラストになっているのか」でもある。本質的な構図の役割にも目を向けつつ、改めてイラストの構図を考えてみてほしい。

縦で描く？　横で描く？

　よく質問があるのが、イラストの縦と横についてだ。これも基本的にはフレーミングをどうするのかによるため、自由に決めて構わない。しかし、専門学校のイラスト学科などでご質問をいただいた際は、出版業界の視点で「縦で描いてください」とお答えしている。本の表紙や挿絵イラストの多くは版型の関係もあり縦のイラストが多くなる。日頃から縦のフレームに慣れていないと必要な要素を上手く配置できない。

　逆に、ゲーム業界やアニメ業界など横のフレームでの作品づくりが多い仕事を目指す場合は、横のイラストでさらにできれば画面比率（16：9など）に合ったサイズで制作してもらいたい。

　前述したように、フレーミングが上手くなるためには慣れやコツの部分もある。商業での仕事としてイラストを仕上げることを前提とするのであれば、どのような用途として使うのかによって定まってくる。これらのことも参考に縦か横かを選択してはどうだろうか。

場面

　イラストの中でキャラクターたちがどんな場所にいてどのような状況なのか。イラストにする瞬間の場面（シーン）を考えるということは、前後に何が起こっているのかといったシチュエーションの設定も重要となってくる。最も簡単な場面の決め方は、「５Ｗ１Ｈ」にあてはめる方法だ。

　５Ｗ１Ｈとは、いつ（When）どこで（Where）だれが（Who）なにをした（What）なぜ（Why）どのようになった（How）を指す。これに当てはめてイラストの場面を決めてイラストを制作することで、より人にどのような場面をイラストにして伝えたいのか、明確化される。

　真っ白な用紙にいきなり向かうのではなく、言語化して明確にするということは、イラスト制作に一見関係ないようにも思えるが、とても重要だ。

５Ｗ１Ｈの設定例

いつ（When）
　　夏休み前に

どこで（Where）
　　学校からの帰り道で

だれが（Who）
　　彼女が彼氏と

なにをした（What）
　　アイスを買い食いした

なぜ（Why）
　　暑かったから

どうなった（How）
　　ひとつを分け合った

　場面を明確にするということは、キャラクターの服装や小物・背景に何を描くのかといったイラストの情報を決めることにもつながる。左の５Ｗ１Ｈの例から、どのような場面が思いつくかは描く人それぞれ違うだろう。しかし場面設定があいまいなまま画作りをしてしまうと、出来上がったイラストは自分では気づかない違和感のある表現になっていることも。

　脳内設定だけであやふやなまま描きだして、途中で無理やり場面を変えたせいで作り込みが甘い伝わらないイラストにならないようにしたい。

演出

　演劇や映画・ドラマ、アニメには演出をする役割の人がいる。演技指導、美術・照明・音響などの演出プランを立てる。演出のプランを立て実行することで、見る人を作品の世界に引き込み、没入感や感動を与えるエンタテイメントとして完成するのだ。

　イラストの場合は、画面の中のキャラクターのポーズや表情といった演技を決めるのも背景や衣装といった美術、光の演出（ライティング）を決めるのもすべて描き手が担う。イラストにおける「演出」とは、イラストの構成を考えること自体でもある。

　「表情の演出」「光の演出」「背景の演出」と演出するべき部分はイラスト１枚の中だけでもたくさんある。イラストは基本的に動かないし、音楽もない。だからこそ、なおさらに演出を丁寧に行う必要があるし、丁寧すぎるほど演出を行ってやっと見る人の感情を動かすことができるとも言える。

　逆に言えば、演出がなにも考えられていないイラストは見どころが少ない。見る人もすぐ別のものに意識が移動してしまうだろう。

演出の引き出しを増やす

　みなさんはイラスト以外のコンテンツにどの程度触れているだろうか？　イラストを描いたり練習したりする時間も大切だが、イラスト以外のコンテンツでどのような演出がされているのかもインプットしてほしい。

　動画配信サイトも数多くあるので、全世界のさまざまなジャンルのコンテンツに気軽に触れることもできるだとう。長時間時間がとれない人は、CMやアーティストのミュージックビデオといった数10秒〜数分のコンテンツを見てみよう。映像的な演出はイラストの演出の引き出しに大いになる。

　また、例えば年に数回でも良いので舞台演劇やミュージカルを生で見てみよう。役柄＝キャラクターごとの演技・感情の表現や照明による印象の変化、背景や衣装といった美術の演出……多くの情報が感動と共に得られるのではないだろうか。

アングル

アングルとは、カメラでものを写す角度を指す。イラストの構図を考える際に言われる「あおりと俯瞰」といった基礎の部分も、アングルの内のひとつだ。

カメラアングルにはそれぞれ、見る人に与える印象を変化される効果がある。基本の3種類はイラストの画作りの基本でもあるので、しっかりマスターしよう。もちろん、被写体となるのは自分で描くキャラクターになるのでカメラを向けるだけとは違いデッサン面の練習が必要となる。しかし、活用できれば効果的な画作りができるようになるだろう。

まずは「あおり」。これはローアングルを指す。被写体を下から見上げるように煽って撮影するアングルだ。凛としたかっこよさや、威圧感を表現することに適していて、見る側はキャラクターに見下ろされるような視点にもなる。ローアングルは下からの角度になるため、空や空間を描くのにも適している。しかし角度をつけすぎたあおりはデッサン的に違和感も大きくなるので塩梅に気を付けたい。

次に「俯瞰」だ。上から見下ろす視点になり、ハイアングルとも言う。イラストの場合キャラクターの頭部が目立ちやすい視点になる。可愛しさやあどけなさ・弱々しさなどを表現することができる。街並みや風景といった世界観全体を見せる際にも適しているだろう。

最後に「水平」アングルだ。被写体に対して水平角度から撮影するイメージだ。人が普段見ている角度とあまり変わらない景色になるので、安心感を与えたり落ち着いた印象にすることができる。

アングルと組み合わせて使うのが、カメラ位置だ。キャラクターに対してどの位置から撮影するかになる。被写体に近いのか遠いのか。前から後ろからななめから横から。見せ方を考えて選択しよう。

04 客観的な視点

イラストを常に客観視しよう

　魅力的なイラストを目指すうえでも、商業で仕事をするうえでも身に着けたいもの、それは「客観的な視点」だ。客観とは、自分主体ではなく第三者の立場にたって物事を見たり考えたりすることを指す。

　自分自身が、自分が描いたイラストを魅力的に思えることも大切なのだが、そのイラストを人に見せた時その人はどのように感じるのか。その視点を持てるか持てないかによっても成長は大きく異なる。

　自分で伝えたいこと・描きたいことがイラストを見る人に伝わるかどうかは、この客観的な視点を持たなければ想像できない。

　では、どうしたら客観視できるだろうか？　イラストの場合、作品を客観視する方法がある。物理的にイラストから離れて距離を取ってみることだ。印刷したものを壁に貼って少し離れたところから眺めてみよう。美術館に飾っている絵を見るように、見る人の側に立った視点になれる。手元やパソコン・タブレットでの作業中には気づかなかった直すべき部分・もっと良くなる部分も、距離をとって眺めてみると気づくだろう。壁に貼る環境が無い場合は、腕を伸ばして用紙を離してみたり、椅子から立ち上がってみるのも効果がある。

　デジタルデータの場合は、サムネイル画面（小さな画面）やスマートフォンにデータを転送して小さい画像で見るのも客観的な視点になる。

　あとは単純に時間を置いて見てみるのも効果的だ。描き上げたばかりの時は達成感も相まってそのイラストがとても良く見えるかもしれないが、時間が経って冷静になることで見えなかった部分に気づけることがある。

　描きたい内容が伝わるイラストになっているか・最初に目を惹く部分はどこなのか。じっくり自分のイラストを鑑賞して、気づいたことはメモしておこう。

Chapter1
キャラクター1体の構図

お題：躍動感を伝えるイラスト

　人の目を惹くためには、魅力がいる。
キャラクターの魅力、世界観の魅力……
色々あるが、最初のステップとして「躍
動感を出す」ことを意識したい。

POINT

キャラクター1体の構図

01 本書の構成と要点

　本書では各 Chapter でお題を出題する。お題を基に制作したイラストの制作過程と共に、魅力的なイラストにするためのポイントやテクニックを解説していく。制作過程では実際に筆者がイラストレーターに依頼した加筆提案や修正箇所も意図とあわせて紹介するので、どのような部分を依頼したかを逆に着目してみてほしい。

この Chapter で扱うこと

　この Chapter では白い背景にキャラクターを1体描き、イラストとして完成させる。背景が緻密に描き込まれているようなイラストと比べると簡単に思われるが、キャラクター1体で見る人を惹きつけるイラストには、様々なテクニックや考えが詰まっている。商業イラストの世界でも、キャラクター1体を魅力的に描けることはプロとして大前提の能力とされる。

　この Chapter で伝えたいポイントは、少しの工夫でイラストは見る人が魅力を感じるクオリティに変化するということだ。1体のキャラクターイラストこそ、適当に描かず考えに考え抜いて完成させたいものだ。

お題 ▷ 「躍動感を伝えるイラスト」

　そんなイラスト1作品目のお題は「躍動感を伝えるイラスト」だ。

　人を惹きつけるイラストを描くイラストレーターを目指している人もそうでない人も、まずはこのお題から取り組んでみてほしい。躍動感とはどのようなものか、アニメや実写とは違って動くことのないイラストでどのように表現すればいいのか、ポイントを押さえていく。

躍動感と臨場感

　躍動感とは、つまり動きを見せるということだ。イラストは一連の動作や物語の一瞬を切り取ったものだと考えると、静止画で動きを見せること＝躍動感と言える。

　そもそも、躍動感があるイラストは魅力を感じるのだろうか？　結論から言えば「Yes」だ。躍動感があることによって見る人に臨場感を与えることができる。臨場感とはその場にいるかのような感覚のことをいう。つまり、見る人の目の前にキャラクターが現れたかのように、目が離せないような高揚感・イラストの世界観に没入するような感想を抱かせることで、魅力的なイラストだという印象を与えるのだ。

> **テーマを基に今回描くものをアイディア出し**
>
> 魅力的な存在の代表として、アイドルがいる。
>
> アイドルは自身の魅力でファンを惹きつける職業だ。イラストを見る人を、このキャラクターのファンにすることを目標にしてみてもいい。
>
> 今回は「見る人と視線が合う」カメラ目線のイラストを制作していく。

キャラクター設定

名前	アイリ	年齢	14歳
身長	158cm	体重	ナイショ
職業	中学生とアイドル		

開花を指す『ブルーム』という名前のアイドルグループに所属している。

性格はいわゆるツンデレキャラクター。ファンへの対応は基本的にドライであるものの、嬉しいことがあったり褒められたりすると素直に喜びにっこり笑う。プライドが高く上昇志向も強いが、努力家で実力が高く元気なパフォーマンスが人気。ただし高いところが苦手のため、ライブなどで高所に行く演出があると少し抵抗する。

グループメンバーの面倒をよく見ており、男女双方から人気が高い。イメージカラーはオレンジ。八重歯がチャームポイント。

イラストの内容とラフを考えていく

　キャラクターを考えたところで、実際にどんなイラストを描くか考えていこう。まずはおおまかなラフを制作していく。

　今回は Chapter 1 ということもあり、背景は白でアイドルらしい新曲のジャケットのような構図とする。設定上はアイドルグループだが、イラストでは彼女 1 人のため、ピンでも印象的で華やかなポーズになるように意識したい。

　今回は背景なしで制作していくが、背景ありで描くとしたらライブでパフォーマンスを披露しているところなどにすると動きが出しやすいだろう。他にもアイドルの裏側としてスタジオで一生懸命に練習をしている風景を描いてもよい。

カメラ目線とは

　演出的な意図がない限り、キャラクターはファン（イラストを見る人）に向けてカメラ目線にしたい（今回のお題のようなイラストであれば特に）。カメラ目線とはイラストのキャラクターと目が合うことである。アイドルの CD ジャケットや雑誌、漫画の表紙などを思い出してみよう。かなりの確率でカメラ目線が採用されているだろう。

　イラストでもキャラクターと目が合うカメラ目線は多く採用されている。人は相手と目が合うことで相手を詳細に認識することが多い。一度目が合えば、キャラクターをしっかりと認識して興味を持ってもらえる確率も上がっていく。

用紙とキャラクターの比率

　背景なしのキャラクター 1 体となると、小さく描いてしまうと余白ができすぎてしまう。躍動感からも遠のいてしまうので、イラストの用紙に対して大きめに配置しよう。はっきりとした意図がない限りは真ん中に配置したい。

02　構図の基本を理解する

キャラクターを魅力的に見せる基本

　構図とは「見せ方」だ。画面（用紙）の中でキャラクターや小物の配置が少し異なるだけでも見る人に与えるイメージは変わってくる。つまり、イラストをどのように見せたいかが定まっていれば、どんな構図を使いどのような工夫をすればいいのか、選択肢も明確になるだろう。

　このChapterでは最も基本的な構図2つを紹介する。どちらもキャラクター1体のイラストで効果的な構図だ。もちろん複数キャラクターのイラストでも応用できる。

　同じような構図ばかり描いてしまう、という悩みを抱えている人は多い。枚数を描くことに気を取られて構図そのものを練る時間が少なかったり、気を配れていなかったりすることもよくある。

　しかしそれは構図についてまだまだ学べることがたくさんあるということでもある。まずは少しずつでも「どう見せたいか」から逆算して考えてみよう。

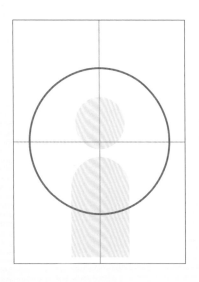

日の丸構図

　日の丸国旗のように、画面の中央にメインとなる見せたいものを配置する構図。メインのキャラクターを大きく見せることができるが、証明写真のように面白みのない構図にもなりがち。アングルを上手く組み合わせたい。

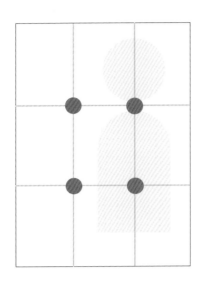

三分割構図

　画面を縦横に三分割し、その分割線上や交点を目安にして見せたいものを配置する構図。余白を作りたい時にも有効である。何を見せたいかによって、幅広く応用しやすい構図なので、困ったら三分割構図を取り入れたい。

アングル

　構図を考える際、合わせてアングルも考えたい。Chapter 0でも触れたが、基本の「水平」「あおり」「俯瞰」の他にも、角度やキャラクターに対してカメラが近いのか遠いのかなど、写し方は何パターンもある。アングルによってイラストの印象やはさらに変わってくる。

　今回のイラストでは三分割構図＋俯瞰のアングルを使用した。俯瞰にすると、キャラクターの顔が必然的に手前になり、見る人と目線がより近い感覚になる。かわいい・守りたいという印象を与えやすくなるため、今回のキャラクターを見せるにはぴったりだ。

　アングルを考える際、特に「あおり」と「俯瞰」は角度のつけすぎに注意だ。「真下から」「真上から」といった角度はキャラクターの顔が隠れてしまい、デッサン的にも難易度が高い。ゆるやかなアングルを意識すると良いだろう。

　構図を決めていく過程で、重要となってくるのは「何を見せたいのか」。何を見せたいかによって、構図の種類＋アングルを考えていく。

03　棒立ちでも動きを見せるには

躍動感を演出する

　ラフスケッチを見てもらうと、キャラクターがアイドルらしいポーズをとっている。このようなポーズ・アングルのついた絵を上手く表現するには、デッサンの練習が必要となってくる。最初のうちは、ポーズはつけられるが水平アングルでの正面からのキャラクターポーズしか描けない人もいるだろう。

　しかし、工夫できることはたくさんある。棒立ち、つまり通常の立ちポーズであっても、少し意識を変えればキャラクターをより魅力的に描けるのだ。次のページで、水平アングル＋立ちポーズでの演出の違いを3パターン作成してもらった。あわせて見てみてほしい。

空気の演出

　躍動感、動きを見せる工夫の中でも、重要な要素となってくるのは「空気」だ。

　例えば、キャラクターが身に着けているものや身体のパーツの中で重さが軽いものは風が吹くと空気に押し上げられる。この状態を「なびき」と言う。なびきをイラストで表すことによって空気感が表現できる。

　さらに躍動感が不足していると感じた時は、イラストの画面自体を斜めに傾けてみよう。キャラクターの軸が斜めになることで安定感が良い意味で崩れ、イラストに動きがあるように見える。試してみてほしい。

> 風や空気の動きによって、髪や服が動く表現を足してみる。
> イラストの画面自体を斜めに傾けることによって、動きが増す。

通常立ちポーズ

　髪の毛の流れと体の立ちポーズが一直線に縦線を構成するため、落ち着いた印象になる。

　画面の左右に大きな余白が多くなりがち。余白が多いと、そちらに視線が行ってしまう。

立ちポーズ＋なびかせる

　同じポーズで髪と服をなびかせた。動きを表現することで迫力も増した。

動作＋なびき＋画面を傾ける

　なびきに加えて、走っているような動作の足と手も広げ、動作を大きくした。さらに画面自体を斜めに回転させ、キャラクターが画面に対して斜めに配置されるようにしている。

　傾けたことによって、三分割構図の交点近くに顔が置かれ目を引き付けるようになった。

04　ありきたりを抜け出す

ポーズに遠近をつける

　サンプルイラストでは、髪をなびかせ、ジャンプしている動作によって下から空気がスカート全体を押し上げふわりとなびかせている。構図は三分割構図＋俯瞰のアングルでアイドルと目線が合うようカメラ目線だ。そして、もうひとつ注目してほしいポイントが、手を大きく前面へ持ってきているところだ。

動作をイメージさせる

　このように身体の一部を大きく手前に持ってくることで、動きを感じさせるイラストになる。大きな動きの動作だと一目でわかるのと共に、この前後の動作（このイラストの場合、ジャンプして飛び上がると同時に手を前に突き出した後着地するであろう一連の動作の流れ）を明確に想像できるからだ。イラストを見る人が頭の中で想像することによって、より動きを感じるのだ。

　カメラ目線にしただけ・ただ立ったり座ったりしているだけのイラストでは、ありきたりになってしまう。ありきたりを抜け出すためには、何をしている場面なのか動作を考え、ポーズに取り入れると共に、イラストの内容に沿って動きを意識したポーズ選択を行うと良いだろう。

場面や動作とポーズ例

走る→片方の腕や片足を出す	ダンス→手足や髪を出す
座る→足を組む	泳ぐ（クロール）→片腕を出す
ジャンプ→片方の腕を上げる	アクション（キック）→片足を出す

　身体の一部を大きく前に出すなど、遠近をつけると動きが増す。
　何をしている動作なのかを考えて流れを連想させるポーズにする。

05　イラストを演出する

モチーフで華やかさを出す

　今回は白背景のイラストだが、あえてイラストレーターに依頼して花のモチーフをイメージとしてキャラクターの周囲に入れてもらった。

　こういったモチーフのあり・なしでも作品の雰囲気づくりができる。例えば今回は、設定の中でアイドルグループ名に花を連想づける名前があるので、花の要素がぴったりだ。さらに、アイドルということでライトの光の反射のようなキラキラしたエフェクトも入れ込んだ。

　モチーフには、イラストのストーリー上で鍵となってくるようなアイテムを散りばめることもある。

主役とモチーフ

　しかし、気を付けたいのが、計画なく入れてしまうと画面がごちゃごちゃしてキャラクターが埋もれてしまうことだ。次のページの完成イラストでも、花の色味はキャラクターの髪色より主張が強くならない淡い色味を選んでいる。さらに、見る人の視線を一層キャラクターの顔に引き付けるようにモチーフの大きさにも奥行きを出すよう仕上げられている。

　また、モチーフには、視線を操る役割もある。サンプルイラストでも、もしモチーフが一切なかったらやや寂しい雰囲気になってしまっただろう。キャラクターの足元や右上が空いており、余白として目立ってしまうからだ。モチーフはイラストの無駄な余白を埋める役割も持っている。

> 白背景にモチーフを散りばめることで華やかなイラストになる。
> 画面がごちゃごちゃしてキャラクターが埋もれないように注意。

完成イラスト

躍動感と合わせて、背景の白部分に淡い水色を置くことでキャラクターが引き立っている。

Chapter2
キャラクター2体の構図

お題：男女背景ありのイラスト

　キャラクター2体をイラストに描くためには、関係性の設定が欠かせない。人間関係にはいくつかパターンがある。関係性を上手く表そう。

POINT

01　2人構図での配置パターン
02　キャラクターの関係性を表す
03　背景に何を描くか

キャラクター2体の構図

複数のキャラクターを出すうえで大切なこと

Chapter1 のイラストでは、キャラクターの設定を行ったうえでイラストを描いていった。この Chapter ではキャラクターを2体描く際の彼らの関係性の表し方や、背景を入れ込んだイラストについて考えていきたい。

イラストは登場キャラクターがどう動くかによって他の要素も固まっていく。キャラクター1体の場合は設定を作り、描きたいキーワードを集めるだけでも要素としてできあがっていったのだが、複数キャラクターでそれをするとただ立ち絵を並べただけになってしまう。ゲームやアニメの設定表や単に各キャラクターデザインの差を楽しむためのイラストであれば良いのだが、特にキャラクター2体のイラストではキャラクター同士の関係性やシチュエーションを見せるイラストとしては不十分だ。

関係性と背景の表現

キャラクターには関係性が必ずあるはずだ。仲間なのか、ライバルなのか、恋人なのか、敵同士なのか。他人というのも関係性の一種だ。関係性によって距離感、視線、表情、ポーズも変化してくる。

さらに、背景によってもイラストの印象は大きく異なってくる。そしてそれはキャラクターの関係性の見え方にも影響する部分だ。背景が苦手という人もそうでない人も、まず「このキャラクター2人の関係性を基に、何を見せたいのか」「何を描きたいのか」を固めてみてほしい。それによって背景をどうするのか、選択肢が絞られていくはずだ。

お題 ▶ 「男女背景ありのイラスト」

このイラストテーマの意図

　この Chapter ではお題を男女のキャラクター2体にしている。小説の表紙やゲームのパッケージイラストといった商業イラストにおいて、男女のキャラクターが登場するパターンが非常に多いこともあるからだ。

　女性キャラクターのみ、男性キャラクターのみを描きたい、という人もいるだろう。得意なタイプがあって良いのだが、プロ志向であるならいつどんな依頼が来てもいいように、性別年齢問わず描いてほしい。

相手との関係を考える

　あなたが男女のイラストを描くとなったら、その2人の関係はどのようなものであり、お互いに相手のことをどう思っているだろうか？　さらに、その2人のどのような状況を描きたいかを考えてみよう。何かセリフを発しているかもしれないし、状況＝シチュエーションもいくつか思いつくだろう。

　シチュエーションが固まると、キャラクターを配置する距離感や視線の意味も明確になっていく。単純に仲が良い／悪いという関係性だけでも2人の距離や表情、相手に向ける感情に差が出ることがわかるだろう。

> **テーマを基に今回描くものをアイディア出し**
> 男女の学生のキャラクターを登場人物としてイラストを制作していく。
> 学生というキーワードから、制服・明るい雰囲気・青空・桜・新しいスタート……というようにイメージを膨らませてもらった。
> メインのキャラクターは元気系のヒロインとして描いていく。

キャラクターデザインラフ

キャラクター設定

女子A（主人公）		名前	ミキ
性格		元気で明るい性格	

Bとは家族ぐるみで幼いころからの幼馴染同士。お互いを兄妹のように感じている。友達からは「なんで付き合っていないの？」と度々からかわれるが本人はピンと来ていない。中高一貫の男女共学校へ通っている。運動全般が得意。

男子B		名前	ユウゴ
性格		しっかりもので真面目な性格	

Aとは幼馴染。元気いっぱいなAのお母さん的存在だが、他の女子のことはあまり目に入っていない。Aのことが好きだというクラスメイトの存在を知り、2人が付き合ったらどうしようとモヤモヤしている。Aと同じく中高一貫の男女共学校へ通っている。料理とゲームが趣味。

イラストの内容とラフを考えていく

　ミキとユウゴの関係性は幼馴染だ。家族同様の存在で友情に近いと考えて良いだろう。ユウゴはミキに対して好意のようなものも抱いている様子だ。キャラクターの設定からさらに深堀りをして、シチュエーションを考えていこう。

　2人は中高一貫の男女共学校へ通っているという設定があるので、春・新学期の場面を描くことにした。春といえば桜が象徴的なイメージだ。学校の場面、キャラクターたちの設定、関係性が固まったところで今回のイラストのシチュエーションに繋げていく。

　今回は季節を春としたが、他の季節のシチュエーションも考えてみよう。夏なら象徴的なのはプールの授業、秋は文化祭や運動会がポピュラーだろうか。冬はイラストに映えそうな学校行事はあまりないかもしれないので、バレンタインでソワソワしている教室の様子を描いてもいいだろう。

ストーリーを考える

　シチュエーションを決めるコツは、どのような場面を描いたら見せたいもの（表現したいもの）やキャラクターが魅力的に表現できるのかをはじめに考えることだ。

　今回なら季節は春、新学期。桜を見せたいので、学校内ではなく通学路や校庭といった屋外にする。これが舞台設定に近い位置づけだ。

　では、その場所で2人は何をしているだろうか？　春に合わせて時事的な出来事をセンテンスとして加えても良いだろう。例えば、「新年度で高等学年へ上がり制服が新しくなった」というセンテンスを加えてみる。続いて、「●●が○○をしていて、▲▲が○○している」にあてはめて簡単に想像してみると、「新しい制服にテンションがあがり走って登校するミキ。彼女の忘れ物のカバンをもって追いかけてきたユウゴ」といった風にストーリーを展開しやすくなるのだ。

　できれば前後でキャラクターたちが何をしている状況なのかも考えておきたい。家を出る時の会話や、キャラクターの反応まで掘り下げることで、表情や仕草・時間帯まで、イラストの内容として描くことが固まっていくだろう。

01　2人構図での配置パターン

主役を明確にする

　キャラクター2体のイラストの構図を考える際に、考えていきたいポイントは3つだ。いずれも2体の場合のみに限らず、複数キャラクターのイラストの構図を考えていくうえで基本となる。

　3つのポイントで共通して決めていくことが「主役は誰か」だ。

①　キャラクターの大きさ

見せたいものがキャラクターの場合、基本的には主役のキャラクターの方を大きくしよう。2体どちらもが同じレベルの主役であれば同じ大きさで並べるのも見せ方としては合っている。その際は単調な構図にならないよう、キャラクターにポーズをつけるなどの工夫をしたい。

②　配置場所

どちらか片方のキャラクターを大きくするということは、大体は大きくしたキャラクターが手前に来るということだ（逆のこともある）。これによって前後の配置となり、奥行きのある画面をつくることができる。2体の場合、キャラクター同士の距離も考えて配置したい。

③　視線の向き

それぞれのキャラクターがどこを見ているのか＝視線の向きとなる。顔や身体の向きによっても見え方が変わってくる。イラストの用途によっても変わるが、基本としては2体または1体でもキャラクターには見る人を惹きつけるためのカメラ目線をさせたい。または2人の関係性を強く見せるために視線を混じらわせるのも効果的だ。

2人構図のパターン（並列、対比、対称）

並列	対比	対称
同じ大きさで横並びの配置。	大きさで対比をつける配置。	背中合わせ・シンメトリーの配置。

　上の図は2人構図の例である。同じキャラクターであっても、配置の違いで見た時の印象も大きく変わる。見せたいものによって最適な配置を考えていきたい。

　例えば、同じ大きさで横並びの並列配置は、キャラクター同士が横に並んでいる状態で、同等であったり仲の良さを表すことができる。しかし奥行きが出にくいので、背景の工夫が必要になりそうだ。

　一方でメインのキャラクターを手前にして、大きさで対比をつけると、明確にどちらが主役なのかわかる。このときメインでないキャラクターが埋没しないように気を付けたい。

　背中合わせや鏡合わせなど、シンメトリー・左右対称の配置では対角線上や左右同じ位置に配置することで整然とした雰囲気づくりができる。演出として配色やキャラクター性も対象的にすることも多い。

　今回のイラストでは、主役のミキをユウゴが追いかけるシチュエーションとして、対比の配置を使い奥行きを出すように制作していった。

02 キャラクターの関係性を表す

関係性からふくらませる

イラストにする際は「こんな関係性だったら、このキャラクターたちの表情はこうなるだろう。ポーズはこうなるだろう」と行動や仕草・表情などを考えていきたい。キャラクターの設定を考えていればそう難しくないだろう。

ラフスケッチでは、「新しい制服にテンションが上がり、走って登校するミキ。彼女の忘れ物のカバンを持って追かけてきたユウゴ」のシチュエーションを基に、主役となるミキがカメラ目線になるよう、見る人に向かってポーズを決め元気な性格が伝わるような仕草にした。制服姿＋桜モチーフとくれば学校も入れたかったので、背景として奥に配置している。ユウゴは「遅刻するぞ！」といった風にやや焦りのある声をかける表情にした。学業で使うものが入っているかばんはユウゴが代わりに持っているのだが、幼馴染という関係性で普段から世話をやいているので、ミキへの不満などは無い。といったように、関係性が定まることで、イラストの内容を詰めていくことができるのだ。

人間関係の種類

しかし、人間関係と一口に言っても、キャラクター同士の関係性にも段階があるだろう。たしかに「以前は犬猿の仲と呼ばれる程に仲が悪かったが、今は恋愛関係」「ライバル関係が転じて友情に発展した」であったり、恋愛関係でも喧嘩をすることがあるように、関係性が変化していく場合もある。

イラストには説明文が必ずつくわけではないので、人間関係は見る人に伝わりやすい形で描く必要がある。イラストにするのはストーリーのどの部分で、そのシーンでの関係性はどうなのかを重視しよう。キャラクターの人間関係をどれだけイメージできるかがポイントとなってくる。

次の表では主な関係性と基本的なシチュエーションなどを一覧にしてみた。どのような人間関係を展開するかはキャラクター設定にもよるが、まったく思いつかないという場合は糸口にしてみよう。

家族	食事をする、家事をする、一緒に遊ぶ、喧嘩をする、レジャーに出かける どのような家族構成かも考えるとより具体的に。
友情	一緒に遊ぶ、一緒に走り出す、手を繋ぐ、笑い合う、買い物に行く、買い食いをする キャラクターの年齢によって行動の詳細が固めやすい。
恋愛	告白をする（される）、デートをする、手を繋ぐ、腕を組む、抱きしめる、見つめ合う、密着する 友情より密接な関係となる。片想いなのか両想いなのかによっても異なる。
ライバル	にらみ合う、挑発する、背中合わせ、競争している 競い合う相手でも、仲間内なのか対立相手なのかにもよっても異なる。
敵対	戦う、抗争、武器を構えている、敵が見下ろしている ライバルよりより深刻な敵意や脅威となる。
初対面	恥ずかしそうにしている、距離感がある、ぎこちない ソーシャルディスタンス（社会的距離）がある状態だろう。

キャラクターの関係性によってイラストの内容を詰めていくことができる。見る人に伝わりやすい関係性を表すようにしよう。

カラーラフ

03 背景に何を描くか

屋内か屋外か

　2体のキャラクター設定を基にシチュエーションを考えてイラスト制作を進めてきたが、どんな背景を描いたら良いのかという点は悩みやすいポイントになる。どこにいて、どんな風に背景を切り取ればいいのか、時間帯はどうすればいいのかなど、考えることは確かに多い。

　とはいえ、あまり難しく考えずに、まずはキャラクターたちが屋内にいるのか屋外にいるのかを決めよう。今回のイラストであれば、「新しい制服に喜んでいる」というミキの状況を踏まえると自宅や学校内でも良いかもしれない。

　しかし、自宅だと幼馴染とはいえどもユウゴがいるとは考えにくいし、学校内は登場人物が2人しかいない点に違和感が湧きそうだ。そこで、桜を見せたいということ、ミキの元気なキャラクター性をより生かしたい点から屋外のチョイスに落ち着いた。

使い分けの基準

　時間帯をはっきり見せたい場合でも空を大きく出せる屋外が好ましい。時計がなくても朝・夕方・夜のどれかであることがすぐにわかる。

　キャラクターたちが生活している場所（衣食住）やストーリー性をより具体的に見せるイラストにしたいのなら屋内が伝えやすい。

　ただし、どちらの場合でも、背景を描くには基礎的なパースの勉強は欠かせない。キャラクターに対して建物や木などの風景、屋内の窓や天井・家具などが小さすぎたり大きすぎたり、パースが合っておらず急傾斜のような背景にならないようにしたいところだ。

　背景に苦手意識がある人は、屋外や屋内の写真をスケッチすることからはじめてみるなど、少しずつでも取り組んでいくことをお勧めする。

イメージ背景の活用

　下記の左図のように、背景に抽象的な柄を入れるイメージ背景を使うパターンもある。背景の桜や学校がなくなることで情報量はぐっと減るのだが、今回のイラストであれば、キャラクターや舞台設定は伝わるだろう。

　イメージ背景にすることで、よりポップなイラストとなる。ドタバタ学園コメディが繰り広げられそうな印象も増す。実際、ラブコメもののライトノベルやマンガの表紙にもイメージ背景が採用されているものは多い。情報量が減る分、よりキャラクターに視線が集まる効果もある。

　なお、イメージ背景にする場合は、柄や背景の色味にキャラクターが埋もれないようにキャラクターの周囲を白く縁取る工夫も一つのテクニックだ。また、作品のポイントとなるモチーフを背景に入れるなども良いだろう。

　キャラクターたちが屋内にいるのか屋外にいるのかを決める。
　イラストのジャンルや見せたいものによってはイメージ背景も効果的。

お題：男女背景ありのイラスト

ユウゴの視線や仕草もミキに向いていることから見る人の視線もミキに集まる。

Chapter3
キャラクター3体の構図

お題：関係性がわかるイラスト

　キャラクターが3人以上の複数になった時に特に考えたいのが彼らの人間関係だ。関係性を掘り下げないと似たような印象のキャラクターたちになりかねない。

POINT

01　人物相関図をつくる
02　多人数の構図
03　配色による視線誘導

キャラクター3体の構図

関係性を見せつつ目をひくイラストにする

　このChapterでは、構図および配色による視線誘導でどのようにキャラクターたちの関係性を伝えていくかを解説していく。

　2体のキャラクターイラストでも関係性は考えたが、3体以上になると関係性をイラストで伝えることはより難しくなる。画面に入れたい情報が多くなるからだ。関係性を見せることと、イラスト自体の魅力の出し方の両方をよく考えなければならない。

　考え方のひとつとして、見せたいものの順序（誰をメインにするか）を決めてみよう。例えばキャラクター3体が同列（グループや兄妹など）だったとしても、一番に目が行くのはやはり中央に配置したキャラクターになるだろう。配置を考えるうえでは、やはり見せたいものの順序を決める必要がある。

役割による配置

　3体に限らずキャラクターが増えれば増えるほど見せ方の難易度は上がっていくのだが、キャラクターのポジション（役割）によっても配置は変わる。例えば、主人公に2体の異性が好意を寄せていたとしたら、異性は年上なのか年下なのかを相関図にすることで見せ方も決まりやすい。

　相関図の整理が難しいと感じる場合は、シンプルに2体のキャラクターに1体モブキャラクターを付け足すところから始めるのがやりやすいのでおすすめだ。その場合、モブキャラクターはメインキャラクターたちとの関係性にはあまり影響が出ないポジションになっていくだろう。学校の生徒2人＋担任の先生あたりだろうか。

お題 「関係性がわかるイラスト」

このイラストテーマの意図

　キャラクター3体の関係性には、どのようなものがあるだろうか？　いくつかパターンが考えられるが、もっともわかりやすいのは仲の良い友達同士やアイドルグループなどの3人組だろう。他にも、主人公＋主人公に好意を向けている2人といった「メインキャラクター1人＋サブキャラクター2人」のパターンは代表的だろう。恋愛小説やラブコメなどでもよく使われる。

　では、描き手が意図する関係性を見る人に伝えるには何が必要だろうか？

視線の情報

　関係性を伝える第一歩として意識してほしいのは「キャラの視線」だ。イラストを見る人は、まずキャラクターの顔（特に目）を見ることが多い。キャラクターの視線の方向＋表情によってイラストのストーリーやキャラクター同士の関係性・感情なども読み取ることができる。

　イラストは挿絵など文字情報がある場合だったとしても、それ1枚で見る人がキャラクターの関係性や物語を感じられるように伝えなければいけない。誤解を招かないためにも、できる限り「伝える」ための工夫をしてみよう。

> **テーマを基に今回描くものをアイディア出し**
>
> 今回は仲良し3人組のキャラクターたちの関係性や感情を表現することに重点に置くので、カメラ目線はあまり重要視しないことにする。あえてカメラ目線にしないことで、場面や人物の関係性を見る側が客観的に楽しむ効果も期待できる。

キャラクターデザインラフ

A B C

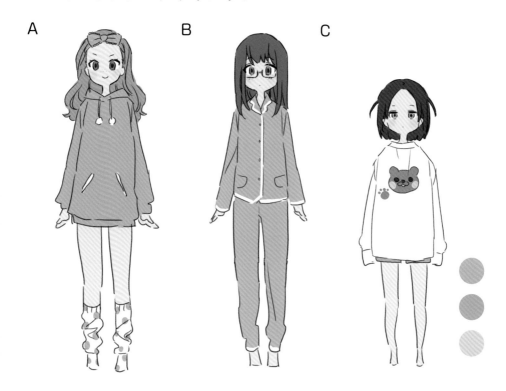

キャラクター設定

A	名前	ツカサ	年齢	15歳（3月10日生まれ）

帰国子女の転校生。メイク・美容に興味があり同年代の中でも大人っぽい。
リノとウマが合いヨウコとも仲良しに。

B	名前	ヨウコ	年齢	16歳（10月31日生まれ）

内気だが真面目で成績も良い。本が好きで図書委員をしている。
リノとは同じマンションで幼稚園の頃からの仲。

C	名前	リノ	年齢	16歳（12月24日生まれ）

兄の影響でオタク。サブカル好きで趣味はオンラインゲーム。
やや引きこもりだったがツカサの影響で外に出る機会が少し増えた。

シチュエーション：ツカサの家へヨウコとリノが来て、お泊り会をしている。

イラストの内容とラフを考えていく

　左ページでキャラクターの設定と大まかなシチュエーションを決めた。描きたいのは、仲良し3人組の女の子たちのお泊り会のワンシーンだ。お泊り会＝パジャマという連想からキャラクターデザインは今回最初から寝間着の状態で作成した。寝間着以外にも普段着や制服など別途デザインしてみても良い。同じキャラクターたちで他のシチュエーションにチャレンジすることもできる。キャラクターデザインでは、3人それぞれの設定も合わせて寝間着にも個性が現れるデザインとなっている。

イラストの前後を考える

　今回のイラストのシチュエーションである「お泊り会」。Chapter2ではそのシチュエーションでのキャラクターの反応を考えてみたが、今回のイラストではキャラクターの関係性を明確にするためにも、お泊り会の前後にどんな物語があるのかより深く考えていきたい。どのような経緯でお泊り会をすることになったのか、言い出しっぺは誰なのか、これが何回目のお泊まり会になるのか、などといったものだ。

　人間関係は、部分的なワンシーンで形成されているわけではない。まずはこの3人の生活の大半を占めるであろう普段の学校生活の様子など、想像しやすいところから考えてみよう。

　設定を見るとそれぞれ趣味や家族構成なども異なりそうだが、なぜ友達として仲が良いのだろうか？　気の合う友達関係になるには、共通の話題があったり、お互いを認め合うような出来事がある。

　イラストにしたいシチュエーションだけを考えるのではなく、それぞれのキャラクターの日常を具体的に考えてみると、関係性により深みが出てくることを覚えておいてほしい。

01　人物相関図をつくる

作者が一番キャラクター達を理解しておこう

　人物相関図とはキャラクターの関係性を視覚化した図のことだ。小説のあらすじやマンガの冒頭に登場キャラクターの紹介や勢力図が書かれているのを見たことはないだろうか？　イラストを描く際この人物相関図を作成するという人は少ないかもしれない。しかし、複数のキャラクターが１枚のイラストに登場するならこの人物相関図を作ることをおすすめする。頭の中だけで想像をめぐらせていると、覚えきれなかったり描いている途中でキャラクターの人物像が変わってきてしまい、全体の仕上がりもぼやけてしまうからだ。キャラクターが何を思っていてどんな表情をさせたらいいのか、イラストを制作していくうえではとても重要な要素になる。今回の３人のキャラクターは仲が良い関係性だが、逆に敵対していたり仲が悪い状態だったらどうだろうか？　そもそも、お泊り会というシチュエーションがそぐわなくなってくるだろう。

相関図ベースの発想法

　右図が今回のイラストの登場人物相関図になる。今回は３人ということで三角形の相関図にした。相関図の形は特に決まりはないが、主人公が明確に決まっているならメインキャラクターとして中央に置こう。そこから、誰と関わっていてお互いにどんな印象なのか、印象的な出来事などを考えながら設定を書き込んでいく。面白くなる関係性を自由に想像してほしい。キャラクターに役割を持たせてみても良い。「リーダータイプ」「冷静な頭脳派」「お調子者」など、３人異なる性質にするとバランスが良くなる。

　今回のイラストは友達関係なので、三角系の図として表した。Ｂのヨウコは真面目な優等生キャラクターで学校ではクラス委員だ。転校生のＡ（ツカサ）にクラス委員として話しかけるきっかけが早かっただろう。Ｃ（リノ）の趣味

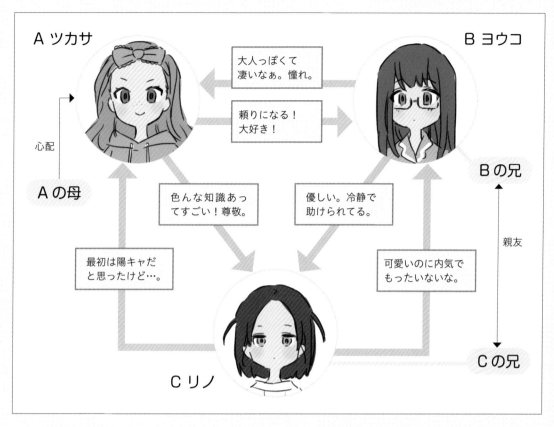

は海外でも流行っているオンラインゲームだ。海外生活が長かったツカサも同じゲームを知っていて話題のきっかけになった。リノはツカサのことは最初明るい性格で自分とは合わず話しかけづらいと思っていたかもしれないが、共通の話題ができたことで仲を深めることができたのだ。

　では今回のお泊り会の場所は誰の部屋だろうか？　ヨウコとリノは同じマンション。行ったことのないツカサの家でお泊り会をすることになった。ツカサはファッション雑誌に載っているヘアアレンジをヨウコの髪で試したい！と髪をいじり始める。ヨウコにとって初めての髪型だ。リノはツカサの部屋にある本を読みながらヨウコの髪をいじるツカサの器用さに感心している。

　人物相関図と合わせてこのように物語を展開することができた。さらにヨウコの兄とリノの兄が親友、といった風にイラストに登場しないキャラクターを考えるのも設定に深みが増すことがあるので考えても面白いだろう。

主役となる要素を決める

　3人の相関図や、お泊り会のストーリーも大まかに決めることができた。キャラクターが3体の場合、明確に主役が決まっている（主人公＋ヒロイン2人など）パターンと、仲良しトリオ・3バカなど3体いずれもが主役としてフォーカスできるパターンがある。今回のキャラクターたちは後者にあたるが、それでも、3人の中で誰を1番見せたいのかを決める必要がある。

　なぜなら、構図を決めるうえで「何を見せたいのか」を定めることが重要な要素だからだ。構図を決めていくには、見る人にどこを最初に見てほしいかを決める。見せたい部分や見せたいものを配置する箇所を「ビューポイント」とこの本では呼ぶ。ビューポイントを決めていないと、画面全体の要素の情報量が画面（紙面）全体に散り散りになってしまい、見る人もキャラクター全員を最初に見ようとするためぼんやりとした、言い換えると情報が散漫としたイラストになってしまう。

　今回のイラストではBのヨウコを主役としよう。Chapter2でも使った三分割構図の中央をビューポイントして、両脇にA（ツカサ）とC（リノ）を配置する。右のラフスケッチを見てもらうと、中央のヨウコの表情にまず注目がいくのではないだろうか？　これがビューポイントである。

　主役としてフォーカスするキャラクターがツカサあるいはリノになれば、アングルや構図はまたガラッと変わってくるだろう。

　なお、ビューポイントは必ずしも中央とは限らない。左右に見せたいものを置いたとして、配色や視線誘導によって目立たせる方法もある。

人物相関図でキャラクターの関係性を視覚化してみよう。
関係性やストーリーが固まったら、ビューポイントを決める。

ラフスケッチ

02 　多人数の構図

空間に奥行きを出す

　今回のイラストでは、状況をわかりやすくするために水平アングルで3体の
キャラクターが並んでいる構図を採用している。室内のイラストだが、キャラ
クターを中心に部屋に配置している家具や窓のカーテンによって部屋の奥行き
を感じられるようにした。このように、イラスト内のキャラクターたちがいる
場所・空間づくりはキャラクターの配置だけではなくその空間全体を考えるこ
とがポイントとなる。

空間の３段階

　奥行きを出すためにはまず、近景・中景・遠景を意識してイラストを作って
いくことが大切だ。キャラクターの後ろに背景を描くというのは意識しやすい
のだが、見落としがちなのが近景。キャラ
クターがいる空間には構図内では見えない
部分にも物があり、手前側にも空間が広
がっている。近景に物を置くことで空間に
ある物の前後関係を明確にし、位置関係を
表すことができる。

　実際にイラストを遠景・中景・近景に色
分けをしてみた。メインのキャラクターた
ちが中景となっており、近景にはファッ
ション雑誌やヘアアクセサリー・お菓子な
どが置かれている。キャラクターたちに
とって身近なアイテム・身の回りに何があ
るかを考えて配置してみよう。

三角構図・逆三角構図

　今回は採用しなかったが、基本の構図として覚えておきたいものに、三角構図がある。イラストの中に三角形を作るようにキャラクターや物を配置することで、バランスの良い構図を作りやすくなる。配置に迷った時や、特に3体のキャラクターをイラストで描く時に役立つ構成方法だ。

　下の図のように、三角形の頂点を意識してキャラクターを配置することで自然と近景・遠景と奥行きが出すことができる。主人公とサブキャラクター2人なら逆三角構図にし、主人公を前面に持ってくるのが王道だ。主人公とその相棒、ライバルや敵の3人であれば三角構図でライバルや敵を後ろに持っていった方がそれっぽく見せることができる。

　キャラクターの配置そのものにも、空間を意識した画作りを心がけてほしい。

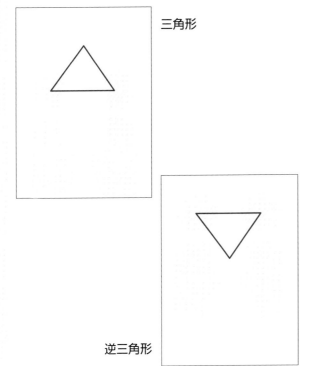

三角形

逆三角形

三角構図・逆三角構図

　三角形に沿ってキャラクターや物を配置する構図だ。三角形の大きさや配置する場所は中央とは限らないが、三角形を意識することで画面全体と奥行きを使った構成にしやすい。三角形の形や大きさに決まりはない。

　三角構図は安定感やまとまりを、逆三角構図は奥行きや不安定さ・躍動感などを出しやすい。キャラクター自体のポーズやシルエットが三角形になるようにすることを三角構図と呼ぶケースもある。

03 配色による視線誘導

見せたいものに視線を引き付ける

　関係性や状況を見る人が汲み取るには何が必要だろうか。それは人間の視線にある一定の法則を利用することだ。Chapter1で紹介した日の丸構図・三分割構図は画面の中で人が目につきやすい箇所を活かした構図だ。

　さらに情報として人が優先して認識するのは、顔・目（視線）・人型だと言われている。イラストだとキャラクターの視線、つまり顔を最初に見る人が多いということだ。瞳が開いているキャラクター・開いていないキャラクターがいたら開いている方に視線が行く。

　もうひとつ重要な要素は、色による視線誘導だ。コントラストの差が大きいほど目が行きやすくなる。

　左の図1では範囲が広い濃い青の空間に目が行く。図2では、中央の黄色い円にまず目がいくはずだ。図2は背景の捕色（反対色）を置くことでさらに目立っている。このように、配色によって見せたいものに視線がいくようにある程度コントロールすることができる。今回のイラストでは、カラーラフと完成イラストも見比べてみてほしい。

図1

図2

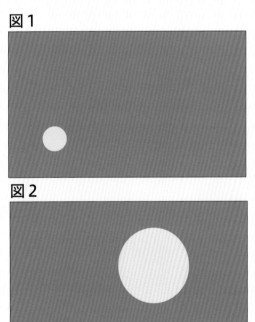

> 見る人（＝人間）の視線が捉えやすい法則を利用しよう。
> 補色を上手く使うと見せたいものを目立たせることができる。

完成イラスト

手鏡をパジャマの色の捕色にしたことで視線が主役のヨウコへ行く。

Chapter4
キャラクター性の演出

お題：男女3人以上・学園もの

　キャラクターの外見や性格が、似たり寄ったりになっていないだろうか？　イラストの登場人物にも個性・人生があるはずだ。

POINT

01　性格のバリエーション
02　服装の着こなしとポーズ
03　キャラクターを描き分ける

キャラクター性の演出

登場人物を増やす

　商業イラストレーターに求められる力のひとつが、キャラクターの描き分けだ。あなたはどのくらいの数のキャラクターを描いたことがあるだろうか？同じキャラクターや好みのビジュアル、偏った性別ばかり描いているのであれば、ぜひ違うタイプのキャラクターにも挑戦してほしいところだ。

　とは言え、得意な方向性を持つことが大切なのも事実だ。実際に SNS に投稿されているイラストレーターの作品などを見ていると、同じ傾向のキャラクターが描かれていることが多く、それが作家それぞれの強みにもなっていたりする。ではなぜ、商業イラストレーターには描き分けが求められるのだろうか？

　小説やマンガの場合、物語に合わせて多くの登場人物が出てくる。街中を歩いているモブキャラクターなども含めれば、たくさんの人数が登場する。イラスト1枚なら画面に収まるスペースが限られているので、イラストに登場するキャラクターの人数は絞られるものの、そのキャラクターたちが生活している世界には他にも登場人物がいるはずだ。ゲームのキャラクターデザインや、小説のカバーイラスト・挿絵などでもメインのキャラクター以外の登場人物を描くことは往々にある。

　このお題では、架空の学園ストーリーを考え、登場するキャラクターを複数名（サンプルイラストでは5人）制作してみよう。できれば年齢・性別・種族の違いなど、いろいろな角度でキャラクターにバリエーションをつけるよう考えてみてほしい。

お題 「男女3人以上・学園もの」

このイラストテーマの意図

　学園もの＝学校を舞台としたエンターテイメント要素を持つ作品を指す。このお題では、学校を舞台に3人以上（今回は5人にした）キャラクターが登場するイラストを制作してみよう。

　学校には多くのキャラクターが存在している。学生だけでなく教師や用務員もいるので、年齢も幅広く設定することができる。

　できればこのお題では、現代の一般的な学校ではなく「現実にはありえないような学校」を丸ごと創作してみてほしい。「ありえない」の要素がエンターテイメント性を増幅させてくれるはずだ。例えば、ありえない校則や授業内容を考えてみよう。入学や卒業条件が特殊な設定でもいいかもしれない。そんな学校を舞台にした世界では、どんな主人公やヒロインが相応しいだろうか？クラスメイトや周囲の人間関係・どんな日常を過ごしていくのか想像を広げていくのだ。

　現実の世界でも、学校のクラスメイトに同じ性格・顔の人はいない。キャラクター個々が別人となるように描き分けを意識してほしい。

テーマを基に今回描くものをアイディア出し

生徒会が圧倒的権力を持っている学園が舞台。

メインキャラクターの男女2人、生徒会メンバーのキャラクターを3人、

合計5人のキャラクターを描き分けていく。

表紙を飾るカバーイラストを想定して制作していく。

キャラクターデザインラフ

1　　　　　2　　　　　3　　　　　4　　　　　5

キャラクター設定

1	主人公	名前	東条クルミ
3年生。生徒会会長。成績優秀で自分が一番えらいと思っている。自分に意見するカズフミを珍しく思い気に入っている。			

2	メインキャラクター	名前	吉野カズフミ
2年生。生徒会会計。クルミに気に入られ振り回されている。			

3	サブキャラクター	名前	岡ミナミ
3年生。生徒会副会長。お姉さんキャラ。クルミの補佐的立ち位置。			

4	サブキャラクター	名前	中村サキ
2年生。生徒会書記。クルミに憧れている。			

5	サブキャラクター	名前	水島ユウト
1年生。生徒会書記。最年少で生徒会のムードメーカー。			

イラストの内容とラフを考えていく

　たくさんのキャラクターを1枚のイラストに入れる利点とはなんだろうか。まず画面の情報量・密度が高くなり、にぎやかな印象を与えることができる。もうひとつ重要な点は、画面に映っているキャラクターの顔の数が増えること。これによって、視線誘導による画作りがより効果的に操作できることだ。キャラクターの顔のサイズに変化をつけることでメリハリがつく。

ラフ1

ラフ2

ラフ3

　制作の過程で、キャラクターが向いている視線のみが異なるラフを試してみてもらった。ラフ1は後輩2人以外がカメラ目線になっている。イラストを見る人と視線が合うが、大きく扱っているキャラクター全員がこちらを見ているので、見る場所がやや定まらない。

　ラフ2ではメインキャラクターの男女2人がお互いに意識していることはわかるが、カメラ目線のキャラクターが1人もいないせいで全体的にまとまりがない絵になっている。

　ラフ3は中央の主人公キャラクターへ全員の視線が集まっており、イラストを見る方もまず中央のクルミに視線が行く。手前のカズフミがメインキャラクター格だということも大きさによって伝わるため、制作ではラフ3を採用した。

01　性格のバリエーション

キャラクターに個性を出す方法

　複数のキャラクターを作る際、設定を考える時点でアイディアにバリエーションがなく悩んでしまう、似通ったタイプばかりになってしまうという人は少なくないだろう。2人だけなら主人公を決めて、それに対比するようなキャラクターを考えればさほど難しくなくアイディアは固まる。男と女、悪魔に対して天使、炎と水、といった他にも、見た目での対比も効果的だ。

　まず2人を考え、その後関係するキャラクターを3人考えるという方法もあるが、今回は複数キャラクターの基本形となる「3人のメインキャラクター」から広げてみよう。マンガや映画などでキャラクターを設定する際にも用いられている型を紹介したい。

型によるキャラクター性

　1つ目は、頭脳明晰・知恵や知識を駆使する、落ち着いていて論理的な「知的なキャラクター」だ。2つ目は決断力やリーダーシップがあり、皆を引っぱっていくような「行動的なキャラクター」。物理的に身体能力が高いキャラクターもここにあてはまるだろう。3つ目はお調子者だったり、まぬけな面もあるが雰囲気を作る「憎めない癒し系キャラクター」。

　『ハリーポッターシリーズ』のハーマイオニー・ハリー・ロンや『SPY FAMIRY』のロイド・ヨル・アーニャなど、多くの作品でこのパターンが当てはまる。個性を考える際に、やみくもに考えていくと自分の中の引き出しにある似た系統になりやすい。こういった形にあてはめてみることで、バリエーションがついたキャラクターが作れるようになるだろう。

　もちろんキャラクターの組み合わせは「知的・行動的・行動的」という風にバランスを崩しても良い。面白い組み合わせを自由に生み出そう。

3つの要素を決めよう

　型を紹介したが、もちろんキャラクターの性格を表すバリエーションは他にもたくさんある。できるだけバラバラな性格を揃えておくと、イラストの見た目にもメリハリがつく。

　キャラクターを描く際は性格をはじめとした「設定」を固めることで、そのキャラクターを描く軸となる。設定は詳細に考えられればられるほど良いが、最低限イラストでキャラクターを描く時、これだけは固めたい3つの要素がある。「ポジション（関係・立ち位置）」「性格」「職業（役割）」だ。

要素で定まるもの

　ポジションは、主人公・ヒロイン・仲間・黒幕……といった全体の世界観の中でどの立ち位置を占めているのかを指す。性格はキャラクターの表情やポーズを決めていく際に大きな意味を持つ。人が行動する際に大きな判断基準となるのが性格にあたるからだ。職業はどのような職業・社会的地位・グループに属しているかにあたる。その人本来の性格に職業（役割）が付随することで、行動に変化が伴う。本当は気弱で臆病な性格だが、不良グループにいるため喧嘩の際には仲間のために思わぬパワーを発揮する……といった風だ。

　お題は学園ものなので、学園内のグループ（クラス・部活・生徒会・委員会など）や役割（クラス委員長・係・部長・生徒会長・副会長・風紀委員など）をあてはめることでキャラクターに個性がつき、魅力にもなっていくだろう。

　他にもキャラクターが複数いるなら、キャラクターごとにイメージカラーを決めるのも効果的だ。今回のイラストでも、キャラクターの髪色が全員異なり、キャラクターを表すイメージカラーとも言える。特に女性キャラクターは全員、髪型にも個性を出し髪色も被らないように制作した。

02 服装の着こなしとポーズ

制服＝全員同じ服、ではない

　ラフスケッチでは、64ページの最初のキャラクターデザインラフよりも個性が増している。当初は制服にアレンジを加えない着方で統一していた。

　しかしこれでは、顔と体型以外の差が出ない。ありきたりなモブキャラクターであれば問題ないが、メインキャラクターでは個性が埋もれてしまう。キャラクターそれぞれの制服の着こなしをより詳細に修正したデザインでは、より明確に個性が際立った。

着こなしを調整したデザイン

> ①ジャケットの前を開ける / フリルなど装飾を足す　②ニットベストを着る / 足元はスニーカー
> ③ジャケットを脱ぐ　④靴下を変える　⑤ジャケットを脱ぐ / ベストの前を開ける

キャラクターをうごかすのは描き手

イラストの画作りをしていく際に、改めて意識しておきたいことがある。それは、キャラクターは物語を展開・表現していく「俳優」であり、生み出している私たちイラストレーター側は「監督」であるという点だ。この認識があるとないとでは、イラストに登場するキャラクターがとっているポーズ（行動）の表現力に差がついていくだろう。キャラクターがイラストの中でどのようなポーズを取るかは、監督である描き手側にゆだねられる。

キャラクターに演技をさせるには、66ページでも解説した性格などの人格形成・キャラクター設定を大切にする必要がある。どのようなキャラクターなのかということを伝える演技は、ポーズ・表情に繋がっていく。

ポーズの違いで見た目の印象は変わる

カラーラフの例を見ながら考えてみよう。主人公のクルミのポーズから、どのような性格や設定が読み取れるだろうか？　強気・自信家・お金持ち・ツンデレ……周囲のキャラクターより服装の装飾が豪華だったり、脚を組んで紅茶を飲んでいるポーズなどから連想することができる。反対に、ポーズが全く正反対で足を組んでいない・背中が丸まって猫背・腕は降ろしているだけ、だったらまた違った内気・弱気な印象を受けるだろう。

ポーズを考える際は腕の仕草もぜひ合わせて決めていきたい。日本人はあまりボディランゲージをしないことも影響しているかもしれないが、初心者が描くイラストでは特に、キャラクターの手足の仕草が何もなく棒立ちになりがちだ。左右非対称な動きを仕草・ポーズに取り入れることで、キャラクターの印象がより活き活きと伝わるイラストになっていく。

> キャラクターは描き手が考えたポーズ・表情にしかならない。
> 自分が監督・キャラクターが俳優という気持ちで画づくりを行おう。

カラーラフ

03 キャラクターを描き分ける

体型とシルエット

キャラクターもそれぞれ骨格や筋肉・成長に差がある。よって、さまざまな体型があって当然だ。とはいえ、絵柄として描きやすい体型・描きづらい体型があるという苦手意識を持っている人も少なくないと思う。描けるようになるにはクロッキーをしたり地道なデッサンを重ねたりと、毎日練習をするしかない。体型の描き分けが上手くいかない時は、まずは極端な体格差を練習することがおすすめだ。筋肉質な体が苦手であれば、極端に筋肉がついた体型の人体を見ながら模写をするなども良い。

このお題は舞台が学校という近い年代が集まる場なので、極端な体型の差がつけづらいと感じるかもしれない。しかし、同年齢でも男女や運動歴でも差を出すことができる。

キャラクターが似通ってしまわないためのチェック方法として、キャラクターをシルエットで見る方法もある。今回のイラストのキャラクター5人も、シルエットで見ると身長や体格、髪型によるシルエットの差が出せている。体型以外にも立ち方が異なっており、描き分けができていることがよくわかる。

立ち姿のポーズや髪型・衣装・アイテムをデザインする際にシルエットを意識することでキャラクター性に差がつく。

顔の造形に差を出す

　キャラクターを描き分けるためには、体型の描き分けのみならず、身体のパーツそれぞれにも目を向けたい。特に手や足は描き分けにおいて見落としがちなパーツだ。サイズ感など体型（骨格）と連動してくるパーツでもあるので個性を出してみよう。アクセサリーだけで差をつけようとするのは避けたい。

　もうひとつ重要なのが顔の造形だ。最も目立つ目の描き分けは「目じりの上がり下がり（ツリ目・たれ目など）・黒目部分の形や大きさ・白目の多い少ない」といった要素で差をつけるとバリエーションが豊かになる。そのうえで、キャラクターの顔を描いた時に似たり寄ったりになる場合は、今一度「耳・鼻の高さ、低さ・輪郭（頬や顎）・首の太さ」といったキャラクターの顔を形作る骨格やパーツの大小なども再チェックしてみよう。

　制作したキャラクターの顔だけを並べると、パーツの微妙な位置の違いでも差が十分現れていることがわかるだろう。

男女の差をつけることに苦手意識がある場合は、首の太さだけでも意識すると差がでる。これは男女で骨格の差・骨の太さに違いがあるからだ。

キャラクターの身体の体型・骨格を意識して造形に差をつける。
顔・目はもちろん輪郭などパーツの位置も調整する。

制服の着こなしを全員変えたことで、キャラクターそれぞれの個性が際立つようになった。

Chapter5
ストーリーを切り取る

お題：未知のものに出会ったドキドキ

イラストは物語の一場面を切り取る静止画でもある。どんな場所で、どんなストーリーのどの部分なのか。さらにその瞬間の感情が伝わるように演出しよう。

POINT

01 シチュエーションの作り込み

02 表情による感情表現

03 色が与える印象

Chapter 5 ストーリーを切り取る

文章の中にイラストを入れるとしたら

　小説など本のページの途中にイラストが差し込まれているのを挿絵という。教科書などにも挿絵はふんだんに使われているので、見たことがある人は多いだろう。

　このような挿絵イラストは読者の興味を引いたり、本の内容の理解を助ける目的として入れられている。逆に言えば、イラストだけで物語の世界観・場面・メッセージ性などできるだけ情報を伝えなければならないのだ。なにを一番に見せたいのか（状況なのか、キャラクターなのか）を整理して構図も選択する必要がある。

　挿絵を描く機会は普段あまりないかもしれないが、実はトレーニングとしておすすめの方法だ。好きな小説を読んで、イラストがない部分のシーンに挿絵を入れるつもりでイラストを考えてみよう。小説をあまり読まないという人は、むかし話や童話など誰もが知っているような簡潔な物語でも十分だ。

　挿絵は情報の視覚提供という役割も大きい。架空の世界や建造物、キャラクターの容姿やアイテムまで文字だけでは想像しきれない要素を、イラストであれば具現化した形で見せることができる。複数のキャラクターが登場する場面であれば、キャラクターの立ち位置や読者の視点もわかるようにしたい。そして、その世界に没入させるような臨場感は欠かせない。

　これらは、挿絵問わずイラスト作品を作り上げていくうえでとても重要なポイントだ。

お題 「未知のものに出会ったドキドキ」

このイラストテーマの意図

　未知のものは宇宙人でも初めて行った町でもなんでも構わない。主人公の胸の高鳴り・ときめきといったドキドキするような高揚感を感じるシチュエーションにはどんなものがあるだろうか？　どんなキャラクターが何に出会ったらそうなるだろうか？　自由に発想してみよう。

　そしてこのお題では、簡単で良いので前後を文章化してストーリーを作ってみてほしい（サンプルイラストのストーリーを文章として載せているので、参考にしてみよう）。

シチュエーションと表情

　臨場感を伝えたいのであれば、キャラクターの表情に力を入れてみよう。にっこり笑っている表情は描きやすいこともあるが、ストーリーをきちんと考えていないとそればかりになりがちだ。プロのイラストレーターでも、キャラクターがキメ顔・にっこり顔をしている表紙イラストは魅力的だが、シチュエーションに合わせた激しい感情を伝える挿絵が描けないというケースは多い。キャラクターの表情の魅力によって、イラストの出来上がりは大きくレベルアップするはずだ。

テーマを基に今回描くものをアイディア出し

人間の少女が架空の生き物に出会うシチュエーションにしたい。ドキドキする感情には恐怖からくるもの・ワクワクからくるものといくつかあるが、どちらもこれまで経験したことがないものとの出会いだ。
幻想的な美しい人魚に出会った高揚感・ドキドキを描いていく。

キャラクターデザインラフ

キャラクター設定

名前	サーシャ	年齢	400歳
設定	昔から海に住んでいる人魚。		

基本は海の中で暮らしているが、天気の良い日などに時折海上に出てくる。日光浴が好き。家族からはそれを咎められているものの、当人は聞く耳を持っていない。人間に見つかってはいけない一族の掟を理解はしているので、海上に出る際は見つからないように気を付けている。とはいえ、一度くらいは人間と話してみたいと思っている。

名前	ルイ	年齢	13歳
設定	町に住んでいる女の子。好奇心旺盛で行動的。		

子どもの頃たくさんの絵本を読み聞かせてもらったこともあり、おとぎ話や不思議なことが大好き。人が寄り付かない海岸の岩場で「妙にキラキラしたものを見た人がいる」という話を友達から聞き、興味を持つ。

イラストの内容とラフを考えていく

　「ごく普通の女の子が、幻想的な人魚に出会う」という大枠を決めたら、5W1H（いつ・どこで・誰が・なにを・なぜ・どのように）を使って物語を考えていきたい。

　イラストの要素としてまず固めたいのは、「いつ」「どこで」だ。例えば「早朝に」「海辺で」と舞台となる場面を決める。では、もう少し細かく掘り下げよう。早朝に女の子はなぜ海辺へ来たのだろうか？　人魚のことは事前に知っていたのだろうか？　人魚はなぜ人前に姿を表したのだろうか？　このように、キャラクターの行動理由に意識を向けると前後のストーリーも固まっていく。

　文章にすることが難しい場合は箇条書きでも構わない。今回イラストにする瞬間は「出会いの場面」だ。しかし、遭遇する前と、遭遇した後、この2人のキャラクターには何が起こっていくのかを考えることで、イラスト全体の雰囲気づくりにも繋がっていく。

サンプル文章

　夏休みが始まった早朝、ルイは街の下にある海岸に向けて走っていた。
　学校の授業最終日、友達に聞いた噂。
「海岸の岩場に妙にキラキラしたものを見た人がいるんだって」
　それを聞いた時、キラキラの正体がどうしても知りたくなった。一番乗りで知ってやろうと、誰もいない早朝に行くことにした。早起きしたから散歩してくると適当な言い訳をしたら、お母さんには朝ごはんまでに帰ってきなさいと言われている。あまり時間はない。
「この辺りかな……」
　海岸の岩場に着いたルイは辺りを見回す。朝陽によって海面が光っていて少し眩しい。
「もしかして、これをキラキラと勘違いしたんじゃ……」
　ルイの中で疑念が生まれた瞬間、明らかに海面の光とは違うキラキラが目に入った。海よりも深い青い、長い髪。紫色の足、ではない。
「あら、見つかっちゃった」
　絵本の中でしか見たことのない「人魚」が目の前にいた。
　海面よりもキラキラしていた。

01 シチュエーションの作り込み

ステージの設定

　キャラクターの位置関係や舞台設定はイラストを制作していく中でとても重要な要素だ。イラストに映る部分だけを部分的に考えることもできるが、キャラクターたちの前後左右になにがあるのか、ある程度その場の全体像を想像しておいてほしい。イラストを見た人が場所を感じられることはイラストの魅力のひとつになるからだ。イラストの中の世界を映画やドラマを撮影する舞台と見立てて、キャラクターの立ち位置・舞台装置・照明などを決めるようにしてみよう。舞台上＝ステージを制作していくイメージだ。

　ステージが出来てきたら、より踏み込んで考えていく。Chapter0 〜 1でアングルの話を少ししたが、その延長としてどの位置にカメラを設置して被写体を映すのかを決めたい。カメラマンがキャラクターたちを撮影しているとしたら、どこにカメラマンがいるだろうか。頭の中だけでまとまらない場合は、メモ書き程度で良いので紙に描きだしてみよう。そうすることで、見せたいも

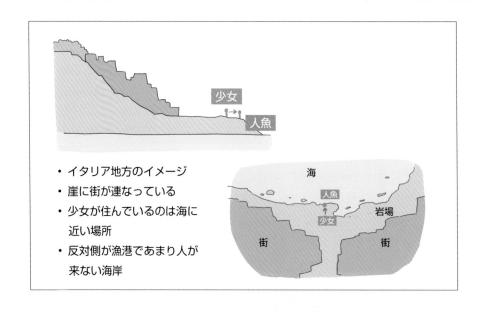

- ・イタリア地方のイメージ
- ・崖に街が連なっている
- ・少女が住んでいるのは海に近い場所
- ・反対側が漁港であまり人が来ない海岸

のが明確になりブレなくなる。

　左図は今回のイラストの登場キャラクターの位置関係・場所のイメージを図にしたものだ。イラスト上での設定は自分が理解できれば良いので、簡易的な図でも問題ない。俯瞰図や横からの図などわかりやすいように描こう。

　これをより詳細に描くと、アートボードと呼ばれているイメージを共有化するためのイラストとなる。舞台や映画づくり・アニメやゲーム制作にも欠かせないものだ。なお、場所の設定とキャラクターどちらを先に作るかは、その人それぞれの想像しやすい形で構わない。

環境設定

　さらに、位置関係を整理するものとあわせて考えておきたい設定がある。それは環境設定だ。今回のイラストの場面で言えば、主に岩場や海といった自然のものだが、キャラクターたちの背後には崖の上に街も広がっている。現実にある海外の街を参考にしているが、こういった場面の環境（気候・植物・人・建築物）もある程度考えておかなければ曖昧に描いてしまう。

　例えば、この辺りは温暖な地域なのか、そうでないのか。それによって表現する海の色や空模様が異なる。この地域に住む人たちの生活様式や気質は登場キャラクターの人格形成にも影響するだろう。

　場面を考えることは、シチュエーションを作り込んでいくことだ。構図を決めていくうえでも、イラストの要素を決めるうえでも重要な工程になるのでしっかりと考えよう。

誰の視点なのかを考えよう

　カメラアングルや構図を決める時に、何を目的にした誰の視点なのかを整理してみよう。

　まずは、キャラクター2人の後方からカメラを向けていると設定してラフを考えてもらった。少女の肩越しに人魚が映っていて、少女に向かって微笑んでいる。第三者の視点で場面を捉えており、状況がきちんと伝わってくる。これはストーリーを伝えることを目的とした視点だ。場面の状況や物語の展開を伝える目的が果たせていて、わかりやすいのだが、少女が横顔なこともありドキドキとした高揚感＝臨場感はやや弱い。

　では、次はキャラクターを見せることを目的とした視点でラフを描いてもらった。カメラを2台使っているイメージで、キャラクターそれぞれが正面から見えるようにした。こうすることで、互いのキャラクターが見ている視点を見る人が共有できる。ドラマや映画などで、キャラクターの表情にクローズアップする画面があるが、それにも近いイメージだ。この視点にすることで出会いの瞬間の臨場感も伝わってくるようになった。何を見せる目的なのかによって視点を考えると、構図のバリエーションも増えるのではないだろうか。

> 舞台演出のようにキャラクターの配置・場面設定などを考えよう。
> カメラの視点も構図決めには重要なポイントとなる。

ラフスケッチ

02 表情による感情表現

ストーリーに合った表情を

　みなさんが描くイラストには、喜怒哀楽の表情がどのくらいあるだろうか。キャラクターを描く時いつも同じ表情になっている、描きたい表情が描けない。そう感じている場合は、表情についての理解がまだ足りないのかもしれない。一緒に考えていこう。

　そもそも、人間が表情豊かなのは表情筋（顔にある 30 種類以上の筋肉）・骨・皮膚が細かに動くからだ。心理学といった学問の世界では感情は 46 種類以上に分類されており、それぞれに細微な表情の差が連動しているくらいだ。

　架空の世界のキャラクターかつデフォルメされたイラストでは、あまりリアルに表現しても違和感が強くなってしまう。46 種類の感情に合わせて表情を描ける必要はないが、逆にキャラクターの表情が同じになってしまう原因は表情筋についてあまり意識していないからかもしれない。これを機に調べてみると良いだろう。

表情による表現

　今回のお題では、「未知のものに出会ったドキドキ」という感情を、キャラクターの表情で表していきたい。しかし、ドキドキする状況はストーリーによって全く違う。それに合わせて表情もガラッと異なるだろう。サンプルイラストでは、出会った人魚の美しさに魅了された驚きと喜びのような感情からくる表情になるが、未知のものへの恐怖を感じるようなものであれば、驚きの表情に畏怖や恐怖が加わってくる。このようにストーリーの中でも場面や状況によってキャラクターの感情は大きく異なる。

　では、実際にサンプルイラストの表情を見てみよう。ベースとなるのは、「未知のもの（人魚）を目の前にした驚き」という驚きの表情だ。人は驚いた時、

まぶたが持ち上がり目を見開く。イラストで描く場合は、白目の部分を大きくしてまぶたが持ち上がるようにすると共に、目のサイズも一回り大きくしよう。

実際に自分が驚きの表情をやってみると、まぶたが持ち上がる感覚はわかりやすい。

表情を決めていく際に動かし忘れてしまいがちなのが、眉毛や口のパーツだ。口はただ真一文字に閉じていると無感情に近くなる。口角が上がると笑顔になる。驚いた時は「おぉ」「えっ」といった感嘆の言葉が洩れることもある。今回はそれを表現するために口を○の字に開けることにした。さらに、眉毛はまぶたが上がったことで眉尻が下がっている。自分の顔で表情をつくってみる際に、眉毛を指で触ってみてほしい。嫌悪や怒りの表情では眉毛が眉間に寄るだろうし、驚きやリラックスの表情では眉毛の力が抜けて目じりに向かって下がる。

最後に頬のタッチについてだ。頬を染めている表現だが、これは絵柄やキャラクターにもよって異なるので原理だけ解説する。今回のお題の「ドキドキ」は胸の高鳴りを表す擬音で、つまり興奮状態にあるということだ。身体的な状況としては、心臓の鼓動が早くなり全身の血流も早くなる。高揚感や興奮状態を表す表情として、今回のキャラクターにも合っている表現だ。多用するとワンパターンで全キャラクター頬が染まっているといったことにもなるので、よく考えて使ってほしい。

> 表情が描けない場合は、感情に伴って動く表情筋について知ろう。
> 同じ「ドキドキ」でも、ストーリー・状況によって異なる感情になる。

カラーラフ

03 色が与える印象

色味によって印象は大きく変わる

　色は作家性が現れる部分でもある。塗り方によっても画風の印象は変わるが、イラスト自体の印象も色味によってかなり変わる。

　下の図は例として制作してもらったカラーラフをモノクロ・セピア調に色味を変化させてみたものだ。元の色味は明るい複数の色を使っていてカラフルで目を引くし、わかりやすい。セピア調になると古い時代の印象が強くなる。モノクロは色味がないため、色が担っていた視線誘導がやや弱くなる。

　イラストの色味で悩んだ時は、同じ線画で何パターンか配色を変えて塗ってみると練習になる。同じ線画・イラストでも色味や塗り方が変わると印象が大きく異なる。仕事では使われる媒体やジャンルによっても変化させる工夫が必要だ。他にも、使っている色を一度減らして、同系色の濃淡だけでまとめてみるなど、色々な色味を使うことに慣れていくようにしよう。

色味によってイラストが与える印象は変わる。
イラストのテーマや役割に合う色味を選択するよう練習してみよう。

完成イラスト

魅力的な表情に仕上がった。ルイの周囲を縁取りすることで背景と混ざらない工夫もされている。

Chapter6
異世界を描く

お題：お城や遺跡とキャラクター2人

　ファンタジーの舞台は異世界だ。異世界には架空のアイテムや実際にはない文明・種族が数多く登場する。どれだけ現実性を持たせられるかは描き手次第なのだ。

POINT

01　異世界を構築する
02　キャラクターと装飾
03　空想と現実具体性

Chapter **6** 異世界を描く

ファンタジーをどのように表現するか

　架空の世界を自由に表現できることがファンタジーイラストの醍醐味でもある。しかし、背景も含めた世界観の表現やデザイン、現実には存在しないキャラクターや道具を描くことはイラストレーターにとって創造力・描写力が試される。ファンタジーに分類される有名ゲームやマンガなどでも、どれもその世界の文明や歴史・神話など細部まで設定が作られている。

　ここまで、ストーリーや登場人物を深く考えていくことを解説してきた。それに加えてこの Chapter では前段階の「設定の細部まで考える」ことについてさらにフォーカスしたい。

自分の引き出しを増やす

　マンガやゲームならともかく、イラスト1枚に細部の設定が必要だろうかと感じる人もいるかもしれない。このジャンルで陥りがちなのが、「どこかで見たような」「なんとなくのそれっぽい」ものになってしまうことだ。これは、自由度が高いゆえに、頭の中でぼんやりとしたイメージのまま絵を描いていることも要因として挙げられるだろう。

　見る人を魅了するような世界観のイラストを表現するためには、設定からも説得力が生まれる。しかし、そのためには自分の創造力の基となるアイディアや資料が欠かせない。日ごろから、良いと感じる作品に触れたり、資料あつめをする「インプット」を行い自分の中の引き出しを増やすことをおすすめする。メモなどにまとめておくのも日々の鍛錬としては良いものだろう。

お題 「お城や遺跡とキャラクター2人」

このイラストテーマの意図

　城は国や文明があることが一目でわかるモチーフで、遠目にも目をひく。主人公たちの味方側の城なのか、魔王や敵が居城にしている城なのか、別の種族の王族が住んでいる城なのか、戦に負け廃墟となった城なのか……多種多様な「城」が想定できる。同様に、遺跡はさらに古代の文明を示しており、物語の中の歴史を見せるモチーフのひとつだ。「何の遺跡なのか」というポイントで設定をよく考えるにはどちらも適した舞台になる。

設定を詰めるということ

　ファンタジージャンルの代表的な作品と言えば『ドラゴンクエスト』シリーズなどの冒険RPGが思い浮かぶのではないだろうか。これらにはなにかしら「城」や「古代遺跡」が登場する。「ダンジョン」と言い換えてもいい。全て物語のポイントとなったり、設定があったりしたはずだ。

　どの文化圏に近い建築様式か、滅びているのであれば過去に何があり今はどうなっているのか。そこを詰めることで全体のイメージに「足すべきもの」や「そぐわないもの」などが見えやすくなってくるだろう。

テーマを基に今回描くものをアイディア出し

RPGの冒険パーティなら3人以上が主流だが、今回のお題では世界観（背景描写）に力を入れるためにも2人に絞る。

主人公とヒロインの2人で、森の奥地に発見した古代遺跡に足を踏み入れた場面を描いていく。

キャラクターデザインラフ

キャラクター設定

主人公	名前	リク	ジョブ	剣士

100年前、魔王から国を救った勇者に憧れ、剣を極めるために村を出て冒険に出た。魔物に襲われそうになっていたヒロイン・ユリアを助けたことから行動を共にしている。出生に秘密がある。

ヒロイン	名前	ユリア	ジョブ	研究者

この世界の神話や精霊・モンスターの生態について研究している。生態に興味があるあまり危険な地域に足を踏み入れることもあり、熱中すると突っ走るところも。これまで何度も命の危機に瀕しているが、天性の回避能力で事なきを得ている。

01　異世界を構築する

世界とキャラクター設定

　現実世界と異なる世界、それが「異世界」だ。「異世界＝ファンタジーっぽい」というステレオタイプなイメージは持っていると思うが、頭の中にだけあるなんとなくのイメージのままイラストを描いてしまうと、第三者には伝わらないイラストになりかねない。異世界を描く時にその世界観の構築を意識するのとしないのとでは、イラストの出来上がりの説得力に大きく差が出る。

　「世界」を構成する要素としては歴史、文化、国家、人種、信仰、地形、気候など、複数の要素が考えられるが、全てをゼロから考えようとすると時間がかかりすぎてしまい、なかなかイラスト制作に着手できないということも起こりうる。そこで、現実の世界を参考にしてみよう。現実世界にも長い歴史や多種多様な国や自然がある。それらをベースに、組み合わせたりアレンジをすることで説得力のあるファンタジー世界がオリジナルで生み出せる。

ベースから構築する

　例えば、今回制作するイラストは「剣と魔法の西洋風ファンタジー」を舞台にするが、その際まず参考にしたい現実世界は西洋（＝中世ヨーロッパ）だ。これが「和風ファンタジー」の世界であれば参考にする歴史や文化は日本になってくるだろう。

　ファンタジーの方向性次第でどんな現実世界・地域・文化を参考にするのかも変わってくるので、前もって現実世界の他国の歴史や文化についても知っておきたい。いわゆる、「引き出しを増やす」ということだ。意識してテレビや動画で情報収集してみよう。図書館などで歴史・世界・文化・宗教といったコーナーにある書籍を見てみるのもおすすめだ。

設定によって変わるキャラクター像

　世界観を決めることがなぜキャラクター設定に重要なのだろうか。国が違うということは、政治や民族・階級制度なども違う。生まれ育ちの環境が違うことで、人格や考え方が異なってくる。信仰はキャラクターの行動にも大きく影響を与えるだろう。

　また、文化は衣食住すべてに関わってくる。アクセサリーや武器、国特有の染料や織物、素材、気候や立地に関係した食事、街並みなども文化によって異なる。服装で言えば、気候・地形とも密接している。寒い地域で生活しているのであれば露出が多いデザインはやや違和感が出てくるように、デザインのかっこよさとその世界で生活するのに沿っているのかはバランスが必要だ。

特に重要な要素

　その世界の人間がどのような文化や社会を作り上げているかを考え、その世界でキャラクターたちが生活している毎日を想像することで、イラストに登場する場所・見た目・行動がより設定とリンクしたものになっていく。これらの要素を細かく決めていくことは、小説・マンガ・アニメ・ゲームであれば最初に取り掛かる重要な設定作りだ。

　イラストにおいてはどの部分から重点的に考えるかは自由だが、「歴史」「信仰」などはキャラクター設定を考えるうえでも重要な要素だし、ビジュアル的な要素を決める「文化」「気候」「人種」はキャラクターデザインに直結していく。描いている途中ではなく、イラストの内容を考えるラフの時点では確定しておこう。

> 歴史、文化、国家、人種、信仰、地形、気候など世界を構成する要素を先に決めることで、キャラクターデザインに具体性が増す。

イラストの内容とラフを考えていく

　登場キャラクターの設定を剣士と研究者とした。この2人はどのような経緯で出会い、行動を共にしているのだろうか？

　キャラクターを設定する際にストーリー展開を考えておくと良いが、いざイラストを描く際に決めていなかったという人は多い。ここまででも解説してきたが、イラストに複数キャラクターを登場させるうえで、関係性や物語を考えることは、イラスト内のさまざまな要素を決めることに繋がる。できればラフに着手する前に考えておきたい。

　今回のイラストでは、ヒロインのユリアが研究しているのは精霊や神話についてという設定にした。大まかな場面のストーリーはこうだ。

　旅の途中、森の中の古びた遺跡にたどり着く。そこは大樹を中心に森の小さな精霊たちの住処となっていた。ユリアもはじめて目にするという珍しい精霊に出会い、驚きと感動している2人。

　このように簡単にでもストーリーを決めておけば、そのシーンに登場させる要素・キャラクターの視線・表情（感情）が固まってくる。それぞれのキャラクターの行動理由が異なっていれば、目にしたものに対する感情も異なるはずだ。

　キャラクターの組み合わせが違うものならば、同じ場面だったとしても行動理由やストーリーは変わってくるかもしれない。例えば、勇者と傭兵なら興味も薄く、さっさと遺跡を抜け出してしまうだろうか。これではイラストとしてあまり魅力がないストーリーになってしまうので、違う場所やシーンを考えた方がいいだろう。

02 キャラクターと装飾

架空のアイテムを描く

　ファンタジーの世界を描く際、キャラクターが身に着ける服装や武器・アイテムは重要な視覚的要素となる。

　職業というのはその世界でのキャラクターの生活を表している。今回制作したキャラクターデザインでも、剣士の主人公はグローブのような手袋をしている。これは剣の柄を握った時に汗で滑らないようにする役割もある。また、背中に背負った剣は一目見ただけで「剣で戦う能力がある」とわかる。ヒロインも、薬品が入っているようなアイテムや、背負っている荷物入れなど身に着けている装飾からキャラクター性がわかる。

ファンタジーらしさの注意点

　こういったアイテムのデザインは、実在した時代の資料（今回であれば中世ヨーロッパなど）を参考にすることでより具体的にデザインが固まっていく。しかし、現実の中世ではなくその時代を参考にしたファンタジーなので、全てを資料通り忠実にしてしまうとオリジナリティに欠ける。注意するべきポイントは、アイテムの素材感や時代感だ。中世の時代には存在していないような素材のもの・現代風の服装だと感じさせてしまうデザインや配色は大きな違和感に繋がってしまう。ファンタジーの世界観として見る人を楽しませるようなアレンジを加えつつ、ブーツやベルト・帽子・剣や巻物などアイテムはデザインが現代的にならないよう資料を参考に配色や素材に気を配りたい。

　また、旅を始めてからどのくらい経つのかなど細かな部分を詰めていけば、布地やアイテムの劣化具合・汚れ具合などもデザインとして差をつけることができる。一場面だけではなく、登場人物たちのこの世界での時間経過にも意識

を向けてみてほしい。

　ファンタジーイラストに限った話ではないのだが、イラストでは「見えないところまでデザインを決める」ということが仕上がりの出来を左右するポイントにもなる。例えば主人公の装備品の剣も、今回の場面では背中に背負っており柄の部分はほとんど見えない。イラストを仕上げていく際に剣のデザインを決める必要はないと思うかもしれないが、それは大きな間違いだ。アウトプットする際に曖昧なままでは、ディテールも曖昧なものになる。それを見た第三者はさらに曖昧な情報を目にすることになる。つまり、イラスト1枚であっても見えない部分や隠れている装備をしっかり決めることで、見る人がその世界に引き込まれるようなイラストになると言えるのだ。

　剣などの架空の装備品やアイテムを考える際も、ベースは実在した剣（片手剣・両手剣・短剣など）を基にしよう。

アイテムデザインラフ

A　B　C

剣士の主人公が持つ装備としてオーソドックスな片手剣をベースにデザインを考えた。

A 採用案。背中に背負った際に見える鍔（つば）のデザインに装飾を加えた。

B 特に装飾を加えていない剣。持ち手が木製で地味なため、主人公の持ち物としては不採用となった。

C Aの採用案に炎属性を足したデザイン。戦闘シーンなどであればこちらを採用したい。

適当にアイテムを描かない

資料を調べるということはどんなイラストを描く場合でも重要視される部分だが、初心者や中級者であればあるほど、資料探しの工程が抜けがちだ。

皆さんが想像している以上に、プロのイラストレーターや制作現場のクリエイターたちは資料探しと資料からのインプット・アウトプットに長けているし、かなりの時間をかけている。

まずはネット・アプリ・書籍などからアイテムの基となる参考資料を探し出すところか始めてみてほしい。先ほどの剣であれば、次のような調べ方が挙げられる。

ネット検索	『中世　剣』などでインターネット検索。誰かが描いたイラストではなく、できれば写真資料をまずは見てみよう。Wikipediaなどの情報も創作のヒントになることが多い。
画像検索アプリ	画像のみの検索に特化したインターネット検索やアプリもある。画像を保存して資料化できるものもあるので上手く活用したい。
書籍 	購入する以外にも、図書館を活用しよう。イラストを描くための資料集も良書が多いが、写真のポーズ集の他、中世ヨーロッパの服装や民族衣装を集めた本なども配色の参考になる。『中世兵士の服装』、『中世ヨーロッパの服装』（マール社）『デジタルイラストの「武器」アイデア事典』（サイドランチ）

なお、一次創作を行う場合、他人が描いたイラストを最初の参考資料にすることはあまり推奨しない。下手をすればパクリになってしまうからだ。

また、画像資料を参考にする場合はひとつの画像ではなく、複数の画像資料からインプットして、最終的には自分のオリジナルデザインとしてアウトプットするように心がけよう。あくまで「参考」にすることを重々意識し、真似ることのないように注意したい。

魔法の動力を考えよう

　ファンタジーイラストには、不思議な力・魔法や神話といった要素が多く登場する。今回のイラストでは遺跡を住処としている精霊をチョイスした。

　不思議な存在を表すにはエフェクト表現が欠かせない。ファンタジーによく登場する「属性」も火・風・水・土といった四大元素に代表されるような自然物のパワーで、キャラクターの体質や生まれつき備わっている力とされることも多い。

　イラストにする際は、そのエフェクトがどこから発生しているのかを決めよう。魔法や神秘的なパワーの動力を考えることで、エフェクトを描く際に迷わず表現することにも繋がる。

　例えば主人公が人智を超える力を持つ物語の場合、主人公本人に力があるのか、聖剣のように手に取ったアイテムに力があるのか、力の源はいくつか考えられる。前者であれば主人公本人の身体からオーラやエフェクトが発せられるだろうし、後者であれば主にエフェクトを発するのは刀身になってくる。

　ファンタジーの世界は架空の世界で自由度が高い。だからこそ、完成度は作者の中でどのくらい世界を作り上げているかにかかっている。人に見せるのは完成した1枚のイラストだけかもしれないが、作者が要素の設定やデザインの理由に納得した状態でイラストを描こう。「なんとなく」が常に悪手ではないのだが、できるだけ避けてもらいたいところだ。

　今回のイラストの精霊は太陽の光をエネルギーにしている火属性の精霊という設定にした。遺跡の場面をあまり薄暗くせず、木漏れ日が差し込むような演出ともマッチしている。

> 魔法や神秘的な表現としてエフェクトは欠かせない。どこからなぜそのエフェクトが発生しているのかを考えて表現しよう。

カラーラフ

03 空想と現実具体性

現実具体性

「現実具体性」とは、イラストの要素が持つ説得力のことだ。イラストの中で描いている世界の要素に具体性があるのかどうか、自分の描いているものに対してチェックしてみてほしい。客観的に見て違和感はないだろうか？　イラストに限らず、創作の世界は架空の世界だからこそなんでもアリではあるのだが、理由の無い表現は大きな違和感としてイラストの魅力を下げてしまうこともある。

　例えば、身長より大きな大剣を使う華奢なキャラクターがいたとしよう。なぜ自分より大きな剣を振り回せるのだろうか。剣自体に軽量化の魔法がかけられているという設定にしても良いし、キャラクターに肉体強化の効果がかかっているのかもしれない。先に挙げた冒険 RPG 作品などは特に、プレイヤーがキャラクター目線でその世界の各地を散策していく。そういった作品は背景として描かれる場所ひとつとっても、その場所に生息する動植物の生態系まで考え込まれている。極寒または灼熱の地域で活動していれば HP が減っていく仕様になっているし、魔法アイテムや食べ物を使うことで HP 減少を防ぐこともできる。

　その設定はイラストの中で表に出ない箇所でもあるかもしれないが、作者の中で納得して描くことで、その世界の中での具体性＝リアリティが出てくる。

　もちろん、設定だけの話ではなくデッサンや質感表現といった技術面でも言えることだ。

その世界の現実として、イラストの要素がどう具体性をもっているのかを考えイラストを作り上げていこう。

異世界ファンタジーのヒント

　ファンタジーのジャンルはとかく細かく、設定を決めていこうとすればいくらでも深く掘れるマニアックな面もある。イラストの場合、設定決めに時間がかかりすぎてしまうといつまでもイラスト制作に着手できないのは良くない。

　そこで、「イラストは描きたいけど、設定を考えるにも思いつかない・まとまらない」という人がスタートをきりやすくするために、ファンタジーイラストの要素となりそうなヒントを提示した。参考にしてみてほしい。

国・時代	ヨーロッパ（現在のドイツ、フランス、イタリア、スペイン、ポルトガル、ロシア、北欧などの原型）は王道ファンタジーの代表格だが、中華（中国）、和風（日本）もある。具体的にこの国を参考にすると絞っても良いし、複数を融合させる方法もある。同じ国でも時代が違えば様子は変わる。日本で言えば数百年前まで着物しかなかったのが、現代では洋装が主流になっている。ヨーロッパも中世と近世では文化や技術面が大きく変わるので調べてみよう。
神話	神話自体がエンターテイメント性を持っているので、登場する神々や武器・怪物の逸話などは大いにインスピレーションの基になるだろう。代表的なものには、『ギリシャ神話』『インド神話』『西遊記』『封神演義』『古事記』『日本書紀』など。
武器	各地域と時代それぞれに流通した武器がある。中世ヨーロッパで剣ひとつとっても種類は多彩だ。それぞれ用途や威力も異なるので、キャラクターの設定や物語に合わせて選択するのも楽しい。上記の神話に登場するものも多い聖剣や神が持つ必殺の武器、英雄の物語に登場する武器などファンタジックな要素を持った武器は設定の参考にもなるだろう。
種族	ファンタジー世界で生きるのは人間だけに限らない。獣や半人、妖精やエルフ、魔人・天使などモチーフも多くある。ゴブリンやゴーレム・ユニコーンなど、神話や昔話に登場するモンスター・幻獣も魅力的なファンタジー要素だ。

完成イラスト

ラフでは石畳が多かったが森の奥の遺跡ということで木や土を足し場面が伝わる仕上がりに。

Chapter7
動きを魅力的に描く

お題：運動会のイラスト

　キャラクターが身体を動かしている
シーンを表現するコツをおさえよう。激
しい戦闘などのアクションシーンにも応
用ができる。

Chapter

7 動きを魅力的に描く

キャラクターは動いている

　Chapter1 でも躍動感＝動きを見せることについて触れたが、この Chapter ではシーンの中での動きの表現についてより踏み込んで意識していきたい。

　活き活きとした魅力的なイラストにするためには、キャラクターが存在するイラストの中の現実を想像してみる必要がある。イラストは 2 次元であり、平面上でキャラクターが生きているように想像することは最初は難しく感じるかもしれない。しかし同時に、イラストの醍醐味は 1 枚の絵の中でキャラクターが生きているかのように感じられる点でもある。キャラクターに命を宿らせるような気持ちでポーズも決めていこう。

動きの前後に流れる時間

　現実の世界の私たちも、普段生活しているうえで完全に静止していることはほとんどない。活発に動いていなくても手の動作や視線の動きもあるだろう。かなり意識していないと、キメポーズや直立不動のポーズにはならないはずだ。風が吹いていたり、暑さや寒さなどの外的な影響も受ける。

　イラストをいざ制作しようとすると、1 枚の用紙の中で見栄え良く描くことに囚われがちだ。シチュエーションだけではなく、前後に何をしている動作なのか一連の流れを考えてみよう。ポーズをキメても見た人にとって何をしているのかわからないのでは意味がない。じっくりキャラクターの動きに向き合うことで、これから描くポーズの理由も明確になるだろう。

お題 「運動会のイラスト」

このイラストテーマの意図

　動きのあるイラストを描くように伝えると、多くの人が戦闘シーンといったアクションシーンを描こうとする。もちろんアクションシーンを描くことに挑戦するそれ自体はとても良いのだが、みなさんの中でイラストに描かれるような世界観での戦闘や喧嘩などのアクションを経験したことがある人は少ないのではないだろうか？　実際にやったことがあるものの方が、よりリアリティのある動作が想像できる。

　そこで、まずは多くの人が経験したことがあるであろう、運動会のシチュエーションにチャレンジしてみよう。運動会は身体を動かしたり活き活きと競争したりするため、シチュエーションを考える際にも動きのある場面を考えやすい。競技の種類も豊富だ。もちろんすべてが現実通りの必要はないので、自分が経験したことのない競技でも良い。できれば背景あり・複数キャラクターを登場させるイラスト構成を練ってみよう。

テーマを基に今回描くものをアイディア出し

運動会の中で何を描くか考えた際、徒競走や騎馬戦などさまざまな競技が思いつく。

今回はジャンプや音楽にのって応援を行うチアリーディングを選択する。衣装や小物の華やかさも、描く要素として魅力があるモチーフだ。

キャラクター設定

主人公（メインキャラクター）		名前	メグミ
学年	中学１年生	身長	158cm

学校のチアリーディング部のメンバー。人を応援することが好きでチアリーディング部に入部した。やる気は十分だが、運動神経はあまりよくない。チアリーディングも初心者なのでまだまだ上手くできないことも多い。それを持ち前の明るさと練習量、周囲のサポートでカバーしている。

同級生（サブキャラクター）		名前	チアキ
学年	中学１年生	身長	155cm

学校のチアリーディング部のメンバー。真面目で振りの覚えが早い。メグミを主にフォローしてくれる存在。メグミとは同じクラスで席が前後となり、よく話す仲に。休み時間はよくチアリーディングの話をしている。

イラストの内容とラフを考えていく

　主人公のメグミを中心に、まさに応援の真っ最中といった場面を描くことにした。チアリーディングの動きの特徴はダンスでもあるので、手足の動きが明確にわかる見せ方を探る。

　やや下から見上げているようなアングルにすると、手足を入れやすく最適な構図になる。下からのアングルであおりになることで、自信のあるパワフルな演技も表現しやすい。さらに、晴天の空や運動会ならではのガーランド（ひも状の装飾品）なども見せやすくなる。

カメラと視線

　こういった運動やアクションなどの動いているシーンのイラストで、キャラクターをカメラ目線にするかどうかは悩むポイントでもある。何が正解、というものはなく、カメラの位置とアングルによっても判断は異なる。

　今回のイラストや喧嘩・戦闘のアクションシーンであれば、キャラクターは応援する対象や喧嘩相手に視線を向けているだろう。キャラクターの正面以外にカメラ位置を設定しているのであれば、わざわざ熱が入って動いている最中に脇を向いてカメラ目線をしているのはやや違和感が起こる。

　よって、今回のようなシチュエーションでは無理にカメラ目線にする必要はない。キャラクターの視線が対象に向いていることで、イラストを見る側も一緒に応援している・戦っているような没入感を得られるのだ。

　逆に、徒競走などであればゴール付近、喧嘩や戦闘であれば対面する相手の視点先にカメラを置くのであれば、しっかりとカメラ目線にして向かってくる臨場感を表現したい。

　このように、同じシチュエーションでも見せ方はさまざまだ。

01 連続した動作を考える

どの瞬間を切り取るか

Chapter1 のおさらいにもなるが、画面に対してななめにキャラクターを回転させて配置をし、躍動感を感じさせる構図にしていくこととした。まずは制作した下の2枚のラフを見てみよう。

ラフ1

ラフ2

どちらのラフも、チアリーディングのダンス中ということが伝わる。しかし腕や足の伸び縮みの違いによって多少印象が変わることに気づくだろうか。

ラフ2は、右側の手を大きく広げることによって、画面の右上部の空白も目立たなくなっている。今回のイラストではラフ2を採用とした。

ラフ1と2の違いは振付の差とも解釈ができるが、ラフ1に比べてラフ2の方がダイナミックな動きの印象を受けるのではないだろ！うか。これはラフ2が動きの流れの中で最も激しく動いている瞬間になっているからだ。このポーズの後も動きは続いていくが、ラフ1と比べてラフ2のポーズは、このあと身

体全体が着地する・腕が降りるといった終了の動作を感じる。

ポーズの流れ

　身体を使った動きのポーズは、全身の関節それぞれを軸とした「曲げる」「伸ばす」の２種類の組み合わせで出来上がる。それを踏まえて、動きの一連の動作を考えてみよう。どのような動きも、力が入っていないリラックスした関節の状態＝平静の状態からスタートする。動作に入る前段階のポーズになる。

　次に、反動をつけるために関節を曲げる動作、予備動作に入る。ダイナミックで関節の可動が大きい動作であればあるほど、予備動作も大きくなる。これにあてはめると、ラフ１の左手はラフ２の左手の動作につながる予備動作だ。

　予備動作からは重心が移動しつつ関節に力をこめて動かしていくという一連の動作＝動作途中のポーズになる。最後は動作が完了した瞬間で全体の動きが完成する。もちろん連続した動きの場合全身のどこかでこの流れが複数繰り返されていくイメージだ。

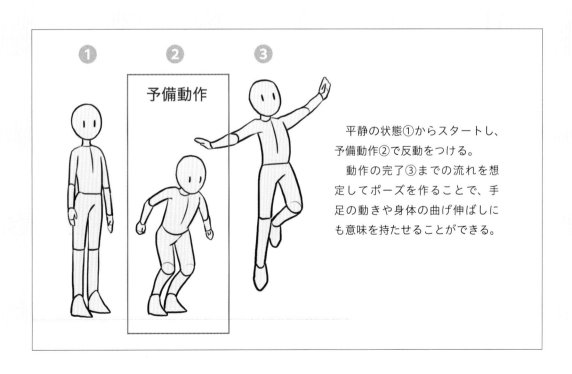

　平静の状態①からスタートし、予備動作②で反動をつける。

　動作の完了③までの流れを想定してポーズを作ることで、手足の動きや身体の曲げ伸ばしにも意味を持たせることができる。

動きのどの部分を切り取るかは、作者の好みもあるだろう。また、イラストの用途や見せたいもの・伝えたい印象によって変わってくる。しかし、効果的にイラストを見せる瞬間の多くは、予備動作と動作が完了する瞬間だ。予備動作は、次の動きを示唆するポーズになるため、見る人にとっては次の展開への期待感となる。

例えば、敵を拳のパンチで倒そうとするシーン。拳を前に突き出した動作が完了したポーズは、敵に拳が当たった後とも感じるので次の動作への期待感が薄い。しかしこれを予備動作にして、ぐっと拳を握り力をためている圧縮状態のポーズにすると、より力強く緊迫した雰囲気になる。次の展開へのわくわくといったドラマ性も伝えられるポーズだ。

もちろん、動きの完了した瞬間も見栄えは良い。先の例で言えば拳を振り抜いて相手がのけぞる瞬間などはまさに「見せ場」のひとつと言えるだろう。

動画を参考にしよう

動画であれば一連の流れはスタートから動作の完了までをすべて描くので、どのような動作なのかは見る人に伝わるのだが、イラストの場合は瞬間の静止画だけでどのような動作かを伝えなければならない。

動きのあるポーズを考えたり描くことが苦手という人は、アニメを見て魅力的に感じる動きのシーンをコマ送りにしてみてほしい。できれば、動きの流れの中で要所となるポイントの動作のポーズを模写スケッチしてみるのもおすすめだ。自分でもできるような動きであれば、実際に自分で動作をとってみよう。無理のないポーズであるか、筋肉や関節のどこに負担がかかっているかを確認することもできる。

> 連続した動作の流れの一部分を切り取る意識でポーズを考えてみよう。一番効果的な見え方を探ることも大切だ。

ラフスケッチ

02 姿勢と躍動感

動きのアクションライン

　動きのあるポーズを描いても、なんとなく動きが固い・仕上がりが動いているように見えないということはないだろうか？　そんな人は、ぜひ「アクションライン」とも呼ばれるキャラクターの全身のポーズの動線を意識してみよう。

　アクションラインはキャラクターの動きを曲線で表したガイド線と捉えてほしい。基本的には、身体の中心を通る一本の曲線で表すことが多いが、ポーズによっては肩を通る手先までの曲線や、武器など持っているアイテムのアクションラインを追加することもある。あまり決まりはないので、自由に活用してみよう。

　アクションラインは、直線のI字を、S字やC字にすることで生まれてくる。

青線がアクションライン

　自分が描いたポーズにアクションラインをつけてみて、I字寄りになっていたら動きが弱いポーズになっているということだ。また、アクションラインを誇張すればキャラクターの力強さや激しい動きを表すことができる。

　ただし、人間には可動域があり、あまりにも逸脱したアクションラインは身体がねじれていたり骨折してしまっているかのような違和感が生じてしまう。やりすぎには注意だ。

たくさん考えた案から最適を選ぶ

これまでの Chapter でもイラストの内容をよく練るべきことについて解説してきたが、具体的な手法についても触れたい。イラスト 1 枚を描くのに、やることが多いと感じる人がいるかもしれない。

イラストに限らず、マンガ・アニメ・ゲーム・映像とメディアが何であれ、第一線のプロたちは 1 つのものを仕上げるまでに膨大な検討を重ね、最高のものを仕上げている。考えられる選択肢＝案をできるだけ洗い出し、よく考えて選択していった先に素晴らしいイラストと人を感動させる結果がある。

案出しを普段たくさんするタイプではないという人は、ぜひ意識的にするようにスイッチを変えてみてほしい。最初のうちは制作時間が倍かかってしまうと思うが、よく練られたイラストは完成度が高くなるはずだ。

サムネイル法

イラスト制作における案出しの方法に「サムネイル」の作業方法があるので紹介したい。アイディアスケッチとも言うが、イラストのアイディアやラフをあえて小さいサイズの枠に描くというものだ。プロのイラストレーターもよく使う手法でもある。

頭の中で考えていることをアウトプットして可視化するためでもあるので、丁寧に描く必要はない。あまり時間をかけずに構図、ポーズ、表情、見せ方などラフでたくさん案出しをしてみよう。

動作のポーズについても、どの瞬間を切り取るかをサムネイルを使って複数案検討することをおすすめする。

> ポーズが固いと感じる時は、アクションラインを意識してみよう。
> サムネイル（案出し）の活用は画作りを練るうえで欠かせない。

キャラクターのデッサン

　実際にイラストを描いていると、「良いポーズの瞬間を考えたけれども、絵にしたときに上手く描けない」といった画力の悩みにぶつかる。また、描きながら修正しているようであれば時間がかかり、なかなかイラスト完成までもっていけないということもあるかもしれない。

　もし画力面でスランプに陥っているようであれば、描き方や練習方法を変えてみるのはどうだろうか。練習方法に正解はない。書籍にもインターネット上にも、色々な練習方法・アドバイスがたくさんある。ひとつの情報だけではなく、複数に触れて自分の合う練習方法を選択していくことが上達への鍵だ。

　デッサンを上達させるうえでも、ポーズを決める工程は重要だ。人の記憶力は曖昧で、頭の中だけで想像しているポーズは断片的なイメージになる。「こういうポーズを描く」と頭の中だけで考えているだけでイラストを描き始めてしまうと、ぼんやりとした情報のポーズでいい加減な出来栄えになるだろう。サムネイルの段階でポーズを固めて、さらにその詳細を資料で見たりポーズをとってみたりして具体的な情報で固めていこう。

　そして大切なのが、「アタリ」をしっかり描いてから仕上げていくことだ。ほとんどのプロもアタリを丁寧に描く。アタリやラフの工程を飛ばして綺麗で魅力的なイラストを仕上げる人も中にはいるが、それはこれまでの膨大な経験値と修練の積み重ねから、アタリを描くべき箇所や身体の構造といった資料を見るべき内容が明瞭に記憶されているからだ。

　画力は魔法のように急につかない。地道にコツコツと練習を積み重ねよう。

> 自分に合う練習方法を見つけて地道に続けることが上達への鍵。
> 脳内のイメージだけで描かずに、アタリを描いて仕上げていこう。

カラーラフ

03 イラスト・マンガ的誇張表現

イラストだからこその表現

　手前に置いたものは大きく、奥に遠ざかるにつれて小さく見える遠近感の奥行きを表現する手法を「パース」と呼ぶ。パースは背景にもキャラクターにも使われていて、イラスト制作を上達するうえでは欠かせないものだ。今回制作しているイラストだと、手前に突き出した右側の手が大きく描かれていること・メインキャラクターの奥にサブキャラクター・モブキャラクターがだんだん小さく見えるように配置されていることなど、わかりやすいパースの技法が使われている。

　手前に大きく突き出したパンチの拳が極端に大きく描かれていたり手前に手を突き出すアイドルのポーズ（Chapter1 参照）などもパースをつかった表現だ。実際の人間の目で見た時にはそこまで大きく映らないのだが、あえて「誇張したパース感」を使い演出をする表現である。マンガ的なパース表現とアクションラインを組み合わせることで、活き活きとした動きやインパクトのある見せ方をイラストでも表現できるのだ。

　他にも、素早い動きや勢いを出すため身体の一部に斜線を入れるタッチや、「!?」や「♪」といった現実では目に見えない感情を表すものとして描かれる記号（漫符）や演出もある。イラストで使用する場合はジャンルやシーンの雰囲気によって合う・合わないがあるが、感情の表現に効果的なこともある。

動作を演出する表現方法

　絵柄や作風など自身が心地よいと思う描き方を最優先にしてほしいが、イラスト・マンガにはバーチャルならではの表現方法がたくさん編み出されてきている。技を学ぶという視点でプロのイラスト作品やマンガ作品も見てみてはど

000000

汗・髪のなびき

衣服のなびき

うだろうか。今回のイラストでも、誇張表現を他にも使っているのでテクニックとしていくつか解説したい。

　まずは髪の毛のなびきに注目したい。なびきの表現はイラストにおける躍動感を表現するテクニックの中でも難易度が高い。曲線をやわらかく使い髪の毛の質感表現にも気を使いたい。

　そして汗の表現だ。スポーツマンガやアニメを見ると大粒の汗をあえて描写することで激しい運動の動きを演出している。キャラクターの熱量までもがこちらに伝わってくるようだ。

　衣服のなびきの原理についても押さえておきたいポイントだ。キャラクターの動きによって起こる空気抵抗により、身に着けている衣類の中に空気や風が入って起こるのが衣服のなびきだ。実際にはほんの一瞬の動きでほとんど視認できない。しかしちょっとした動きやなびきを表現するのとしないのとでは、イラストの躍動感に大きな差が生まれる。

　自分が思っているより少し極端な演出を加えることでリアリティが増す。誇張表現のやりすぎは返って違和感が強くなるので客観的に判断したい。

> イラスト・マンガならではの誇張表現を演出に取り入れてみよう。
> 極端な演出があることでイラストの迫力やリアリティが増す。

完成イラスト

会場の盛り上がりが伝わってくる仕上がりに。主役の髪ゴムを赤にして差し色にした。

Chapter8
恋愛のシチュエーション

お題：紅葉とキャラクター2人

　キャラクターたちの関係性を見せる際に、人間関係の距離感を考えているだろうか？　見る側が関係性を見ただけで察せるように配置に気を配る必要がある。

01　関係性に沿った見せ方
02　関係性の距離感

8 恋愛のシチュエーション

関係性にあわせてキャラクターを配置する

　Chapter3 でも関係性を考えることについて解説したが、関係性に合わせた効果的な配置を考えているだろうか？　キャラクターたちの関係性の種類や、イラストでの人間関係の距離感についてこの Chapter では考えていこう。

　ここまでの内容の繰り返しになるが、画作りをしていく際の設定内容は、見る人に必ず説明できるとは限らない。小説やマンガ・アニメ・ゲームといったメディアは文字や音、セリフなどである程度補足できるが、イラストはそれ 1 枚でキャラクターたちの関係性をきちんと見せる必要がある。

シチュエーションの分解と理解

　イラストだけで関係性を伝えるためには、シチュエーションを考えた画作りが関係性を表すのに効果的になる。何をしているのか、場所・場面がキャラクターたちと合わさることで、見る人はある程度の情報量を得て関係性を察することができる。シチュエーションはわかりやすいものを選択しよう。例えば「喧嘩中」というシチュエーションは、友達でも恋人でもありうる。イラストにしても元々の関係性は伝わりにくく、仲が悪い関係性しか伝わらない可能性が高い。

　もう 1 つ配慮するべきポイントは、キャラクター同士の距離感だ。現実の人間関係でも、「距離が近いな」と不快に感じたり「もっと近くにいたい」と近づいたりと、人間関係に距離感は起因してくる。距離感をイラストの中の登場人物たちにも反映することで関係性が見る人に伝わりやすくなる。

お題 ▶ 「紅葉とキャラクター2人」

このイラストテーマの意図

　季節感が強く出るお題だ。「このキャラクターたちの関係性なら、このシチュエーションでどんな行動をするだろうか」を考えてみよう。

　この Chapter のサンプルイラストでは人間キャラクターの男女で制作していく。描きやすいと感じる人も多いだろう。しかし、イラストのジャンル・商業の仕事の内容によっては同性であったり人間ではない種族であったりと、ありとあらゆる組み合わせと多様な関係性が登場する。本書では大筋の部分しか取り上げないが、どのような場合でも大切なのは「見る人に伝わるのか」である。人間関係には一言で言い表せない関係性もあるだろうが、作者がイラストで表現したいものが伝わる工夫を考えていこう。

　人間関係の種類は後ほど紹介するので、挑戦したい関係性を選んで制作しても構わない。解説では「恋愛」の関係性を取り上げていく。親密な人間関係のひとつだが、友情関係とも家族関係とも異なり、また特に距離感に変化が出やすい関係性だ。

> **テーマを基に今回描くものをアイディア出し**
> 恋愛関係は特に交際中の関係を指すことも多いので、紅葉の季節に交際中の男女がデートに来ているシチュエーションをイラストにしたい。
> よりキャラクターたちの関係性がドラマチックに表現できるよう演出していこう。

キャラクターデザインラフ

キャラクター設定

2人の関係性

恋愛関係。同い年で大学生の頃共通の友人の紹介で知り合った（大学は別々）。
交際して4年が経ち、3ヶ月程前から同棲中。時折ケンカをすることがあるものの、
穏やかな付き合いをしている。

彼女	名前	マユミ	年齢	24歳

会社勤めで営業事務をしている。明るい性格。
副業でハンドメイド作家をしている。旅行やカフェ巡りが好き。タクロウの趣味に付き合うのは気が引けるが、一緒にサイクリングをするのは楽しみにしている。

彼氏	名前	タクロウ	年齢	24歳

会社勤めでSEをしている。在宅勤務が多い。穏やかな性格。
ロードバイクが趣味。マユミの趣味であるカフェ巡りにもたびたび付き合い、最近はコーヒーに目覚めつつある。

イラストの内容とラフを考えていく

　男女カップルが紅葉の美しい公園を散歩している内容に決めた。

　イラストのシチュエーションによって画面構成はアップが良いのか引きが良いのか異なっていくので、検討していこう。

アップ

引き

　アップはキャラクターの顔・表情やメインにしたいものを大きく見せることができ、臨場感や迫力が出せる。引きは場面の背景やキャラクターの動作などを重視したい時に用いられ、情景や雰囲気重視のイラストでも使われる。同じシチュエーションの内容であっても、アップと引きでこれだけ印象は違う。今回は雰囲気重視で引きを選んだ。

　引きの場合、できるだけ2人がどのような場所にいるのかを見せたい。いくら雰囲気重視といえど、場所がよくわからなければ2人が何をしにそこにいるのか不明瞭になってしまう。一方で、あまり引きにしすぎてしまうと表情が見えにくくなってしまうので、うまく調整しよう。

ラフスケッチ

01　関係性に沿った見せ方

恋愛にも段階がある

　ラフスケッチでは、身体が触れ合う距離感で手をつないでいる様子が描かれている。手をつなぐ以外にも、腕を組む、抱きしめる、寄りそう、見つめ合う、キスをしているなど、恋愛関係だとわかるシチュエーションはさまざまだ。

　しかし、恋愛関係と一言にいっても片想いなのか両想いなのか、どちらがリードしているのか対等なのかと千差万別だ。ただ恋愛関係だから手をつなぐのではなく、キャラクターの設定やシチュエーションを考える際、2人が具体的にどのような関係性なのか考える必要があるだろう。

関係性と視線

　もうひとつ意識したいのが視線だ。親しい間柄の人とは見つめあっても苦にならないように、好感度が上がるにつれ目線は交わりやすくなる。この2人は互いに視線を交わし何かを話していて、視線からも仲の良さが窺える。

　とはいえ、恋愛関係だからといって必ず視線を交わらせれば良いというわけではない。初々しいカップルであれば、距離感が近くでもお互いに照れて視線を逸らしているかもしれない。片方が恥ずかしがり屋でも同じようになるだろう（もう片方は視線を合わせようと顔を覗き込んでいるかもしれない）。やはり、そのキャラクターたちに合った恋愛の段階を検討する必要がある。

　視線と表情の喜怒哀楽が組み合わさってはじめてどのような感情で相手を見ているのかが伝わる。目を逸らしている表情が怒りや嫌悪であれば敵対していたり、ケンカ中だとわかる。

　42ページでも、いくつかの関係性の種類と、代表的なシチュエーションを紹介している。参考にして、ぜひとも深く考えてみてほしい。

関係性とイラストの演出

このお題には紅葉の場面という指定がある。そのため、イラストでも紅葉中の公園を散歩しながらデートをしている2人というシチュエーションにしており、そのシーンがしっかりと伝わる背景となっている。同時に、恋愛関係の2人の雰囲気を助長する色使いの印象を感じるのではないだろうか？

紅葉の赤だけではなく、2人が歩いている赤い橋も、赤＝愛・情熱といった恋愛を想像させる色味として一層のアクセントを与えている。この橋をよくある木製の橋にすることもできるが、あえて赤色を使うことで2人の恋愛関係は良好なのだろうと視覚的にもわかりやすくすることができているのだ。

背景の演出

このように、イラストの背景は、ただ世界観や状況だけを表現するだけのものではない。背景の印象が変わるだけでキャラクターたちの関係性・性格・感情・この先に起こる予測などまで、ガラリと印象が変化する。

例えば、このイラストの背景の一部に見える青空がどんよりとした曇り空になったとする。そうすると、一気にイラストは2人の未来になにか困難が待ち受けるかのような不穏な雰囲気になるだろう。アニメやドラマでも、悲しいことが起きたシーンで大雨が降ってきたりする。また、静かな場所なのかにぎやかな場所なのか、場面の演出は随所に気が配られている。これは、より視聴者をキャラクターの感情に引き込むための演出でもあるのだが、イラストでもキャラクターたちの感情や関係性をより見せるためにシチュエーションに合った演出を選択してほしい。

> キャラクターだけではなく、背景の演出でも関係性の印象は異なる。
> 天候や時間帯によって変わる雰囲気に注目しよう。

カラーラフ

02 関係性の距離感

関係性によって人との距離感は変わる

リアルの世界でも、心理的な距離や関係性は物理的距離に比例しやすいと言われている。人との距離感が近ければ近いほど親密な関係であることを表す。

相手が親子・恋人・夫婦などの「密接距離」は 0.5m 以内、親しい友人・知人なら「個体距離」といい 1m 弱、他人をはじめとしたそれ以外との「社会距離」は 1m ～ 3.6m くらいまでだそうだ。通勤の満員電車に多くの人が不快感・違和感を抱くのは、本来社会的距離の関係性の他人同士が密接距離を取らざるを得ないことも要因となっている。

イラストも同じように、本来関係性が全くないモブ的なキャラクターが主人公格のキャラクターたちに密接していたらイラストを見る側は「何か役割があるキャラクターなのだろうか？」と怪訝に思う。違和感を覚えたり、深読みしてしまうかもしれない。逆に、親しい関係性のキャラクターたちの距離が不自然に空間が空いていたら、よそよそしいように感じてしまうだろう。

右の 3 つのラフを見比べてみてほしい。同じキャラクターとシチュエーションでも、キャラクター同士を配置する位置＝距離感が違うだけでイラストから受ける印象が変わることがわかる。社会的距離なら目も合わないし、表情にも変化が生じる。

恋愛関係に限らず、キャラクター同士の距離感に気を付けてキャラクターを配置するだけでも、関係性の表現は各段にわかりやすくなるのだ。

また、ただキャラクターを配置するだけではありきたりな画づくりになってしまう。距離感にキャラクターの動作もプラスすることでより共感性の高いイラストになる。

社会的距離

　他人や知り合いでも親しいわけではない関係性の距離。ソーシャルディスタンスと呼ばれている。

　この段階の距離感では、2人に関係性があるようにはあまり感じないが、女性が向き合うかたちで歩いていたらこれから何か関係が深まっていくような期待感が持てる。

個体距離

　手を伸ばせば触ることが可能な距離。互いに関心があったり、親戚や友人に多い距離感。

密接距離

　家族や恋人・親友などかなり親密な関係性の距離。心を通い合わせたり信頼していたりするからこそ互いに触れ合うことを許せる距離感である。

完成イラスト

キャラクターの後方に空が広がり、2人の今後が良い関係になるような印象も与える。

Chapter9
風景とキャラクター

お題：街を一望するイラスト

　イラスト中級者にとって難しいと感じ
ることのひとつが、イラストに奥行きを
出すことだ。空間をイラストの中で表現
するにはどうしたら効果的だろうか。

01　空間を感じさせる方法
02　背景をどのくらい描き込むか

風景とキャラクター

風景をイラストで描く

　風景＝目に映る景色を指す。つまり、屋外であっても屋内であっても景色に変わりはないのだが、一般的に「風景イラスト」「風景画」というと、山や木々、川、森など自然物を中心とした景色を表すことが多い。イラストのジャンルでは屋外の景色を「風景イラスト」、屋外・屋内問わずの場合は「背景イラスト」と呼ぶケースもある。

　風景イラストを描く時に、キャラクターを入れるか否かは個人の好みやこだわりにもよる。壮大な世界観をキャラクターなしの景色で圧倒的に見せるのもありだろう。

　しかし、そこは無人の世界ではないはずだ（人がいなかったとしても他の種族がいるだろう）。キャラクターがいないことが見る人の違和感に繋がらないようにしたい。見せたいものが少し不思議な世界観であったり、キャラクターが旅をするようなイラストの場合は風景に馴染むように手を入れてみよう。

　とはいえ、風景イラストは初心者〜中級者が苦戦しやすいモチーフだ。「パースを理解するのが苦手だから背景を描くのは苦手」と思い込みがちだが、背景だけにパースが発生しているわけではない。逆に言えばキャラクターを描いている際にも無意識にかつふんだんにパースの技法を使っている。なにも背景が描けない理由はパースの得意不得意だけではない。

　もちろんパースの基礎は理解しておくと便利だが、それ以外にもイラストに奥行きを感じさせる方法はたくさんある。自分が理解しやすい・イラストに反映しやすい方法で試行錯誤をしてみよう。

お題 ▷ 「街を一望するイラスト」

このイラストテーマの意図

「街を一望する」と聞いてどんな風景イラストを描こうと思い浮かべるだろうか？　自分が旅行にいった時に感動した景色を描きたいと思う人もいるだろうし、壮大なファンタジー世界やSF近未来の世界が浮かぶ人もいるだろう。

今回のお題では、あえてキャラクターを一緒に描いてイラストの構成を考えてみてほしい。例えば、キャラクターを画面の端の方に置き、空いているスペースに風景をダイナミックに描く。高台から眼下の街や野原を眺めているような配置が考えられる。

他にも、ただ街並みの建物を描くだけではなく、そこに複数のキャラクターが歩いているように遠近感をもって配置すれば、奥行きのある街中の風景にもなる。その中にストーリーを感じさせる仕掛けができれば理想的だ。

特に、背景の描き込みに苦手意識があったり、奥行きを出すことに苦戦している人はキャラクターや動物を入れてみてほしい。そうすることで、対比の基準となるものができ、奥行きが考えやすくもなる。

テーマを基に今回描くものをアイディア出し

街を一望できる展望タワーからの景色に挑戦する。

キャラクターは1人だが誰かと一緒に展望タワーに行っていて、イラストを見る人がキャラクターの同行者の視点になるようなイラストを制作していく。

イラストの内容とラフを考えていく

　キャラクターデザインラフと一緒に、大まかな景色の位置関係もラフで制作した。必ず制作しなければならないものではないが、頭の中のイメージを整理するためにもできれば手間を惜しまず具体的な形にしてみよう。右図で、展望台の中からの見せ方をいくつか検討していく。

　背景制作の際役立つ方法としては、現実の風景をイラストにする際、イメージに合う実際の場所に行って写真を撮る（ロケハン）こともおすすめだ。自分で撮影した写真であれば自分に著作権があるので権利的にも問題ない。しかし、風景の中には商標登録されているロゴや形が存在する時もある。写真を参考にする際はそのまま使わないようにするなど配慮しよう。

キャラクターデザインラフ

少年がいる展望台

展望台から見える景色を描くために鳥観図で
おおまかな位置関係をラフで制作した。

平行視点・キャラクター無し

　あえてキャラクターを入れないラフも制作した。街並みの全貌を見せることができるが、本来人がいるであろう展望タワーからの景色とすると人気がなく、寂しさや非日常感も感じさせる。

　ほぼ正面からのアングルだが、展望タワー自体は上からのため街並みは俯瞰となる。

あおり

　空をダイナミックに見せることができ、キャラクターの心情表現ができそうな見せ方にもなる。

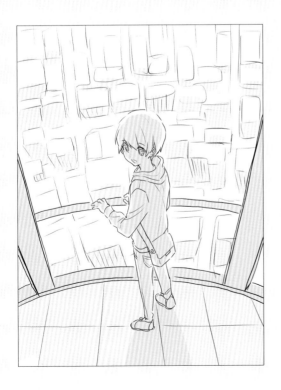

俯瞰

　ほぼ真上から見下ろすような見せ方。防犯カメラなど天井からの視点になるので、やや不安定さや不穏さを感じる。

01 空間を感じさせる方法

奥行きを出す遠近法

　背景もキャラクターもどちらも魅力的なイラストにする方法は、空間を把握して奥行きのあるイラストをたくさん描くことだ。ここで改めて遠近について解説していこう。

　遠近とは、近くにあるものが大きく見えて、遠くにあるものが小さく見えることを指す。視覚的に遠近感を表現する手法の総称が「遠近法」で、遠近法のルールにはさまざまなものがある。

　みなさんがよく耳にする「1点透視法」「2点透視法」といった透視図法は、手前のものから奥に遠ざかるにつれて小さく見える遠近を線画によって表現した図法だ。種類で言うと「線遠近法」にあたる。透視図法については本格的に解説した書籍や動画が数多くあるので本書では詳しくは解説しないが、実は遠近法の中では一番難度が高い。もし、遠近感＝パースの勉強＝透視図法と思って苦手意識をもっている人がいたら実にもったいない。他の遠近法について知ると苦手克服の糸口になるかもしれない。

　では、他の遠近法の種類についても紹介していこう。これまでの Chapter で制作したサンプルイラストにもふんだんに遠近法は使われているので、解説を読みながら見返してみてほしい。

さまざまな遠近法

　まず、最もわかりやすく基本となるのが「大小遠近法」「上下遠近法」だ。例えば、手前と奥に箱を2つ並べて置く。2つの箱の大きさは同じなのだが、手前の箱が大きく、奥の箱が小さく見える。イラストでも、単純に手前にあるものを大きく、奥にあるものを小さく描けば遠近感が出せるとまずは考えれば

大小遠近法／上下遠近法

　近くのものほど大きく、遠くのものほど小さく見えるという遠近法。

　上下遠近法は、地平線・水平線に向かって上にあるものほど遠くに見えるという遠近法だ。例えば図のように奥から手前に走って来る車を描くとしたら、奥にある車のほうが地平線に近くなり、画面上においては上の方に位置する。

良いのだ。これらを応用していくうえで透視図法の知識は欠かせないのだが、苦手で避けるくらいなら理解できる方法からどんどん使おう。

　次にシンプルでイラストに奥行きを出すために使いやすいのが、「重畳遠近法」だ。2つ以上のものが重なっている時、手前のものよりも後ろのものの方が遠くに見えるだろう。重なりから前後を判断させる遠近法だ。つまり、奥にあるものが手前にあるものによって一部隠れて見えないように描くと、奥行きが表現できるわけだ。例えば風景でも、あえて手前側に枝葉を大きく入れて描くことで遠近感にメリハリをつけて奥行きを表現できる。

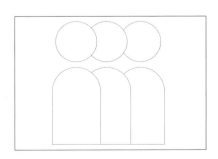

重畳遠近法

　重なりが上になっているものが手前に来るように見える。重ねないと並列に見えるが、重ねると奥行きを感じさせる空間ができる。

風景を描く時に特に活用したいのが、「空気遠近法」だ。実際に風景や風景写真を見てみると、遠景＝奥に向かうほど白っぽく色が薄く見えるのではないだろうか？　空気遠近法は自然現象の原理を絵画表現に応用しているので、なぜそうなるかの科学的な説明は簡単ではない。感覚的な色使いによっても仕上がりは左右してしまうが、プロのイラストレーターや美術の学びの分野でも数多く研究され多くの作例もある。参考にしながらクオリティを上げていきたい。

空気遠近法

　遠くのものは大気の影響でものの輪郭線が不明瞭になり霞んでいくように見えることから、彩度を低く・コントラストは弱く表現することで遠くに見せる手法。
　青空であれば少し青っぽくするなど色彩遠近法を組み合わせることで、色塗りのクオリティを上げることにも役立つ。
　サンプルイラストでも、展望タワーからの眺めに奥行きを出すため空気遠近法を使っている。

　空気遠近法を使っていくのであれば、合わせて色彩遠近法についても触れておきたい。59ページでも色が持つ見え方の特性について少し触れたが、「色彩遠近法」は、色が持つ特性を使って奥行きを出す表現方法だ。
　例えば、大小遠近法を使っていたとしても、なぜか奥に小さく置いたキャラクターが手前に来ているにように見える……そういったケースは色の効果によって奥行きに違和感が生じている場合も多い。色彩遠近法はカラーイラストを制作するうえで強い味方になる。基本的な部分だけでも身に着けておくといいだろう。

色彩遠近法についてざっくりと言えば、「色彩が寒色系（冷たさを感じる色彩、青や紫など）に近づくほど遠く、暖色系（暖かさを感じる色彩、赤や黄色など）に近づくほど近くに見える」となる。もう少し深掘りしてみよう。

図1

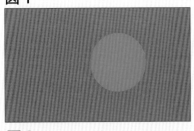

図2

図1と図2を見ると、青い丸は凹んでいるように見え、赤い丸は手前に出ているように見える。つまり、奥にあると見せたい部分には寒色を使えばより遠くにあるように見えるし、手前に見せたい部分は暖色を使うことでより近くに感じるのだ。

寒色 …… 青・青紫・青緑
暖色 …… 赤・橙・黄色・赤紫

図3

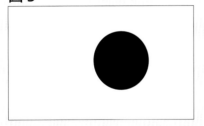

さらに、明暗さでも奥行きは表現できる。図3と図4を見てほしい。黒い丸は凹んでいるように見えて、白い丸は前に出ているように見えるだろう。

図4

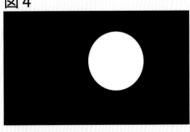

明 ←――――――→ 暗

図5

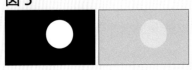

また、図5のように明暗の差が強い組み合わせはコントラストが高く、明暗差が弱いものはコントラストが低いという言い方をする。明暗もコントラストも、モノクロに限ったものでは

図6

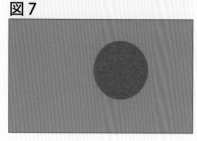

図7

 彩度が高い

 彩度が低い

ない。色味（色相）があっても同様に効果を発揮する。

　では、色味があるものとモノクロではどちらが前後に感じるだろうか。色味があるものを「有彩色」、白・グレー・黒といったモノクロを「無彩色」と呼ぶ。

　図6と7を比べると、色味がある方が手前に出て見えるのではないだろうか？　これが、彩度での奥行き表現にも繋がってくる。

　彩度は色味の鮮やかさを表す。彩度が高い色はビビッドカラーとも言い、目立たせたいところに置くとアクセントにもなる。奥行きの出し方では、彩度が低いと後ろに見える。先ほどの空気遠近法で、奥のものの彩度を低くしてさらにコントラストを低くすることで遠くに見える原理だ。

　この他にも、モチーフにピントを合わせて、背景を霞んでぼやけて見えるようにする「消失遠近法」であったり、真っ直ぐなはずの輪郭を広角レンズや魚眼レンズで見たように曲線にして歪ませることで奥行きや高さを強調する「曲線遠近法」など、奥行きを感じさせる方法はたくさんある。どうしたら奥行きを画面の中に表現できるか試してみよう。

遠近法や奥行きを感じさせる方法にはさまざまな種類がある。
複数を組み合わさることでより一層奥行きを表現できる。

カラーラフ

02 背景をどのくらい描き込むか

遠近感を強調させる描き込み

　まずは、カラーラフから仕上げてもらったイラスト2枚を見比べてほしい。右の方がイラストとして奥行きを感じるのではないだろうか？　左でもシチュエーションは十分伝わるのだが、全体的に色合いがグレー調で彩度が低いためイラストとして引き込まれるポイントがやや足りない。

　このような景色が広がるイラストや、風景イラストはどこまで描き込めば良いのか迷うこともあるだろう。答えから言えば、情報量が不足しない程度にはしっかり描き込みたい。

　右と左を比べると、右はビルの描き込みや木などより情報が描き込まれている。情報を意図的に入れないとどこを見ていいのかわからず、見た人が奥行きを感じにくい仕上がりになってしまうのだ。さらに本来形があるものを、メリ

ハリをつけずにぼんやりとしたシルエットで描いてしまうと、違和感にも繋がる。かといって、すべてを細かく密度を詰めすぎてもおかしい。実際の景色でもすべてがクリアに見えるわけではない。背景の描き込みの密度は、あくまでも奥行きが表現できるように調整する必要があるのだ。

　例えば、背景の描き込みの密度は距離感の表現に直結している。今回のイラストでも、手前のビルの下（地面の周辺）の描き込み密度を落とすことで下方向の距離感を表現できていることがわかるだろうか。

　このように、描き込みの密度を高めるか抑えるかを、奥行きを出すという目的をもって意図的に行えば作業時間の効率化にもなる。絵柄にもよるが、自分のイラストに合った背景の密度というものを探っていこう。

　さらに今回のイラストは、風景はもちろんキャラクターに視線を集めたいので、指し色としてキャラクターのトレーナーに赤を入れている。画面の中で色合いのメリハリがこれでついているはずだ。

空間を把握するための練習

　奥行きの理解が難しい、いきなり背景が描けないという人は、まずは一番描きやすくかつ遠近感の表現の基本となる「立方体」を描く練習から始めてみよう。背景に限らず、キャラクターを立体的に描くデッサンの練習と共通してくるので、やってみて損はない。

　他にも、自分で撮った写真をトレスして空間の奥行きをなぞっていく方法もある。「この遠近法だからこう見えるんだろうな」という納得感はイラストを仕上げる際のヒントだ。背景描写についても良書が多く出ているので気になる人はぜひ参考にしてほしい。

『パース塾　画力がメキメキ UP する！いちばん簡単な遠近法講座』（椎名見早子著／廣済堂出版）

『吉田誠治作品集＆パース徹底テクニック』（吉田誠治著／玄光社）

完成イラスト

キャラクターの背後に注目が行くようにトレーナーに差し色の柄を足した。

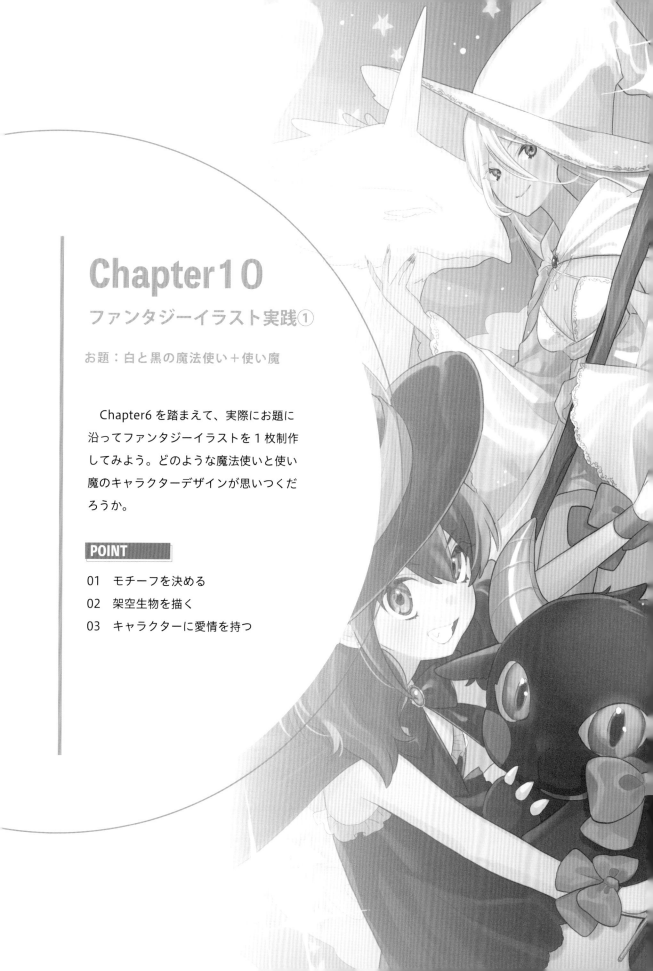

Chapter10
ファンタジーイラスト実践①

お題：白と黒の魔法使い＋使い魔

　Chapter6 を踏まえて、実際にお題に沿ってファンタジーイラストを1枚制作してみよう。どのような魔法使いと使い魔のキャラクターデザインが思いつくだろうか。

POINT

01　モチーフを決める

02　架空生物を描く

03　キャラクターに愛情を持つ

Chapter

10 ファンタジーイラスト実践①

対比のキャラクターデザイン

　ファンタジーイラスト制作の下準備的な考え方は Chapter 6 でも扱った。この Chapter では具体的なお題を基にキャラクターの見た目・衣装・架空生物など、デザインのポイントにも触れていこう。

　複数キャラクターを生み出すうえで、「対比」はとても役立つ概念だ。対比は見た目だけではなく、属性・性格・思想などどんなものにもあてはめられる。男性と女性、善と悪、凸凹コンビ……性質を対比させることで、正反対のキャラクターとして個性を際立たせることができるのだ。

　キャラクターの関係性は敵役でもライバル関係でも師弟でも良いのだが、キャラクター同士がお互いを引き立たせるような存在にすることで、イラストでもメリハリのある魅力的なキャラクターとなるだろう。

共通点と対比

　一方、お互いを引き立たせるキャラクターの作り方として、正反対という対比の部分を出しつつ「共通点」を持たせる方法もある。例えばアニメ『TIGER & BUNNY』では性質・年齢・考え方も正反対・対照的な凸凹コンビが共通の職業で活動をし、ストーリーが進むにつれて信頼関係が増しコンビとしての絆が生まれた。共通項目を持たせれば、そこから関係性やストーリーにも段階や変化が生まれる。描くシーンをどんなものにしようかと広がりも持たせられるだろう。

　自分なりの対比を考え、魅力的なキャラクターをイラストに登場させよう。

お題 ▶ 「白と黒の魔法使い＋使い魔」

このイラストテーマの意図

「白と黒」の対比をどのように自分のイラストに落とし込んで表現するか、自由に創造してみよう。

今回のイラストで登場するキャラクターの共通項目は「魔法使いであり、使い魔を使役していること」だ。どのような解釈をしてもらっても問題ないが、魔法使いと使い魔について少し触れておく。

まず、魔法使いは「魔法（魔術・妖術。幻術など）を扱う者たちの総称」であり、広義的な通称とされている。極論学生服を着て「魔法使いです」としてもいいのだが、ここではある程度王道のデザインをベースに進めることとする。どのような魔法使いにするかは、細かく設定していってみよう。

使い魔とは、魔法使いが魔法の力によって使役する生物を広く指す。実在・架空・有生物・無生物のバリエーションはあるが、使い魔の定義も作り手によってさまざまで、契約方法の違いや能力・制約など魔法使いとどのような関係性なのかも異なる。

このお題では、「白と黒の魔法使いの関係性」「魔法使いと使い魔の関係性」と、2方向の関係性を設定してみよう。

テーマを基に今回描くものをアイディア出し

魔女（ウィッチ）2人のキャラクターで白と黒の対比をデザインする。
使い魔はファンタジー世界の生き物、ドラゴンをモチーフに考えていってみよう。

01　モチーフを決める

典型からのアレンジ

　魔法使いや騎士といったキャラクターや魔法などの概念の多くには、ある程度の典型のイメージというものがある。あくまでも一般的な漠然としたものではあるのだが、「魔法使いは三角のとんがり帽子とローブを身に着けている」「騎士は甲冑を身に着けて剣と盾を持っている」といったものだ。すぐに想像できたのではないだろうか？

　キャラクターデザインを考える際にはゼロからコスチュームを考える方法もあるが、典型イメージがあるものであればそれを基にしてアレンジを加えていく方法もおすすめだ。イラストは見る人に説明なしで伝わる必要がある。典型をベースにしていれば、少なくとも一目見て「このキャラクターは魔法使いなんだな」と理解させることができるだろう。

　とはいえ、典型イメージがあるといってありきたりなデザインのままにしてはキャラクターの個性は表現しづらく、地味になってしまう。地味ということは、イラストを魅力的にしていく視点から言い換えると「情報量が少ない」とも言える。情報量が少ないイラストは、見どころが少ないということだ。情報過多で相手に伝わらないのも良くないが、少なくとも典型を基にして自分なりに設定を考えたうえで、アレンジを加えていくのが良いだろう。

アレンジの考え方

　アレンジを行う際に基準となるのは、モチーフとキャラクターの設定だ。ここで言うモチーフとは、この Chapter でいう「白」「黒」「魔法使い」となる。モチーフはできれば1キャラクターにつき3つくらい組み合わせると個性的なデザインの化学反応が起こるだろう。

黒と白の魔法使いの典型例（プロトタイプ）

魔法使い	三角帽子とローブ（マント）を着用している。箒で空を飛ぶ。魔法の杖を持っている。魔法の書物（魔導書）を持っている。黒猫やカラスを使役している。 魔女・賢者・魔導士・召喚士・魔法剣士・占い師・陰陽師など魔法を使う者の総称。
白魔術	治癒や防衛など、使用者や味方を守る魔法。そのイメージから良識のある人や善人のキャラクターが多い。白魔術を使う魔法使いを白魔術師・白魔導士などと呼ぶ。
黒魔術	呪術や死者蘇生など、主に他者に害をなしたり我欲のために使われる魔法。使用者もダークサイドに堕ちていたり非常識的なキャラクターが多い。魔王や邪神といった強大な魔性の存在の力を借りた力の場合も。

　キャラクターの設定を練っているのであれば、そのキャラクターに合わせてデザインやコスチュームを考えてみよう。例えば、セクシーな女性キャラクターを作ったとして、設定が「女神」であればギリシャ神話のような神秘的な衣装になるだろうし、設定が「踊り子」であれば音が鳴るような装飾が多く露出の高い衣装になるかもしれない。女性キャラクターに限らず、髪型や体型も設定をベースにそのキャラクターに合うアレンジができる。あえて違和感のあるアイテムを持たせて注目させるようなテクニックもあるだろう。

　ただし、アレンジをしていく際にはくれぐれも、やりすぎて違和感があるようなデザインにならないように心がけておきたい。

典型のイメージをベースにしてアレンジすると伝わりやすいデザインになる。さらに、モチーフでオリジナリティを出そう。

キャラクターデザインラフ

キャラクター設定

追加したモチーフ：エルフ・ドラゴン
キャラクターの関係性：師弟関係

黒の魔法使い		名前	リリス

黒いドラゴンに育てられたエルフ族の少女。育ての親は寿命で亡くなり、形見の角を加工した帽子を身に着けている。
所持アイテムは星形の魔法のステッキ。呪文は覚えているところ。使い魔はミニドラゴン。卵から生まれたばかりで未熟だが、パワーは未知数。炎を吐く。

白の魔法使い		名前	セリア

高い山の頂上で心優しいドラゴンとひっそりと暮らしている大魔法使い。知り合いの黒いドラゴンから託された子供を魔法使いの弟子として面倒を見る。
所持アイテムは長い魔法の杖。使い魔はパートナーの白いドラゴン。

イラストの内容とラフを考えていく

　キャラクターデザインが固まったら、イラストの見せ方を考えていこう。設定で関係性やストーリーもある程度考えることができたので、日常生活の様子や戦闘中の様子など、色々なシチュエーションが浮かぶ。他にも、魔法使いということが一目でわかるように、コスチュームやステッキなどのアイテムはしっかりと見えるように描きたい。方向性はいくつも考えてみよう。

　今回はキャラクターたちのメインビジュアルとなるよう、カメラ目線を意識し彼女たちの魅力を打ち出すイラストを制作していくこととした。仮に日常生活の様子を描くのであれば、白の魔法使いの住居や1日のルーティーンなどをメモ書きで考えても良いだろう。戦闘中の様子なら何と戦っているのかが重要になる。

　魔法使いというお題は広義に捉えることができる。人間にとって害となるような悪のキャラクターを人知れず退治している魔法少女のような設定にもできるし、単純に魔法使い同士で争っているような世界観を生み出すこともできる。魔法使い以外のキャラクターを登場させても良いだろう。

　師弟関係にあるキャラクターをメインに描くのであれば、どちらを主役とするかも考えておきたい。今回は黒の魔法使いをメインキャラクターとした。弟子が中心に決まれば、師匠の配置で構図も定まってくる。もしライバル関係や対等の関係であれば対角線構図などで対照的に配置するのも良い。

魔法使いに関連するアイテム例

魔法の杖→ワンド（指揮棒のような杖）、ロッド（長く真っすぐな杖）
　　　　　スタッフ（背の高さ程ある杖）、メイス（ハンマーのような杖）
その他→魔導書、魔術書、指輪、水晶玉、お札、法器　　　　　　　　　など

02 架空生物を描く

魔法使いの相棒

　イラストでは特に、魔法使いと一緒にいる使い魔は「使役する動物」というよりも相棒的な立ち位置となり、使い魔もキャラクター化しているケースが多い。魔法少女ものの作品を例にとっても、魔法使いのキャラクターたちのサポートや導きの役割を担っている。キャラクター化する際は人間のキャラクターデザインのプロセスと同様にモチーフとなる生物を決めて設定を考えていこう。

　とはいえ、使い魔にもある程度の典型はある。あまりにも突拍子もなくイメージとかけ離れた生物を持ってきても説明が難しい。よく使い魔に用いられる実在する生物は、カラス・フクロウ・猫・ネズミ・カエル・蜘蛛・蛇といったところだろうか。使い魔に知性があるのか、喋るのかで使役する人間の魔力の高さや実力が図れる部分もある。魔法学校などを舞台にした見習いレベルの学生たちが登場するような作品であれば、実在する生物の方がリアリティが出るようにも感じるだろう。ファンタジー世界なので架空の生物を使い魔にしてももちろん良い。小型のドラゴンから大型のドラゴン・ユニコーン・ケルベロスなど伝説上の生物・精霊まで選択肢はさまざまだ。

　今回の白と黒の魔法使いでは、ドラゴンを使い魔としてキャラクター化した。では、ドラゴンのような架空の生物を描くにはどうしたら良いだろうか？

架空生物を考える

　まず、大前提として有名な架空生物の一般的な共通認識について調べておこう。例えば、「翼の無いドラゴン」や「角のないユニコーン」といったように、多くの人がイメージできる象徴的な部分を捻じ曲げてしまっては別の生物にも

キャラクターデザインラフ

見えてしまう。アレンジを加えたりオリジナリティの高いデザインを目指すことは大切だが、見る人の混乱を招いてしまっては意味がない。

　もう一つ架空の生物を描く方法として、『創造生物を作る』という手段がある。人＋魚が人魚となるように、2つ以上のモチーフを組み合わせて新しい生物を考えてみることだ。最初は人間以外の有機物（生物や植物・花など）を3種類組み合わせて創造生物を考えてみよう。人間は要素が強いので、はじめのうちは外すことをおすすめする。

　今回のドラゴンのキャラクターデザインも、一般的なドラゴンのイメージをベースにアレンジを加えている。白の魔法使いの使い魔は、神聖なイメージや優しいイメージを感じるように天使のような翼や、一角獣の角、ユニコーンのようなパステルカラーとドラゴンの容姿を保ちつつオリジナルなキャラクターデザインになっている。また、師弟関係が伝わりやすいようにドラゴンも白と黒で年齢が変わって見えるようにデザインした。

スケールを考える

　スケールとはものさしのことだ。また、建築用語に「スケール感」という言葉もある。距離や大きさを把握する感覚を指すのだが、私たちの日常生活で使う全てのものは人の身体に合う寸法がスケール感に基づいてデザインされている。イラストにおいては、キャラクターと空間やアイテムのスケールを把握しておかないと「キャラクターの身長より小さい扉」「座れない椅子」といったような、スケールがおかしい空間ができてしまう。

　このスケール感は、架空の生物を考える時にも気を付けてほしい。キャラクター同士の身長差もスケールだが、イラストにするうえでは特に使い魔のドラゴンとのスケールを設定しておく必要があるだろう。どのくらい小さい・大きいドラゴンなのか。背中に乗れるのか、しっぽの長さ・羽の大きさはどのくらいなのか……大きさによっては画面からはみ出させることが正解のスケール感かもしれない。そういったことも想定しながら設定しよう。

キャラクターサイズ対比

ラフスケッチ

03 キャラクターに愛情を持つ

名前をつけてみよう

　みなさんは自分がイラストに描くキャラクターに愛情をもっているだろうか？　「そんなことを考えたことがなかった」という人もいるだろうし、「当然自分が考えたキャラクターが一番好きだ！」という人もいるだろう。どちらかと言えば、自分が考えたキャラクターには愛情を持って制作に取り組むことを推奨する。なんといっても、考えたキャラクターは作家本人にしか表現できないからだ。愛情を持つことで、丁寧に描写する・丁寧に細かく考えることにも繋がるのではないだろうか。

　イラストレーターの世界では、「看板娘」「うちの子」「Vtuberの娘息子」のようにキャラクターに愛情を注ぐ文化もある。子どもやペットに名前をつけるように、考えたキャラクターにもぜひ名前をつけてみよう。名前をつけたキャラクターは何回イラストにしても良いだろうし、違う世界観に登場させても良い。

　キャラクターの名前付けと同じように、ファンタジー世界のイラストでは特にアイテムにも名前をつけることを意識すると世界観はより具体的になる。例えば、魔法の杖や魔法の本といった武器やアイテムにも『星屑のステッキ』『聖なるロッド』『風の書』『闇の書』といったように簡単な名前をつけるだけでも属性や物語性が生まれてくる。

　命名の際は字面からもイメージされる印象を大切にすると良い。色々な外国語や名前の響きを日頃から意識してみよう。何らかの規則性や法則を考えられるとなお良い。

> 名前をつけることで、より細かく深くキャラクターや登場アイテムについて考えて描くことにもなる。

黒いミニドラゴンの瞳の色を青から黄緑に変更し配色バランスの良い仕上がりになっている。

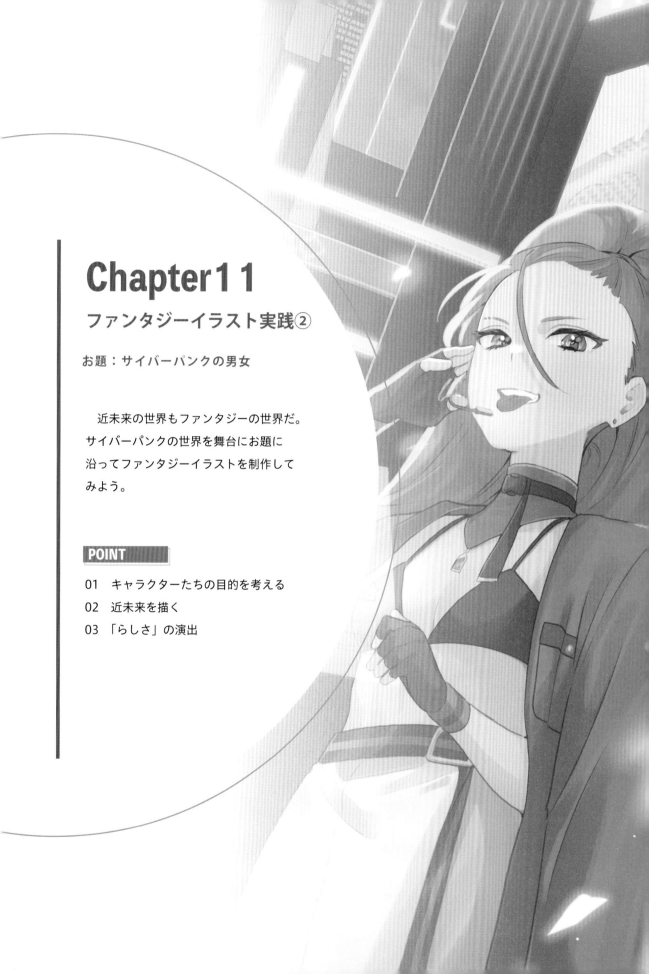

Chapter11
ファンタジーイラスト実践②

お題：サイバーパンクの男女

　近未来の世界もファンタジーの世界だ。
サイバーパンクの世界を舞台にお題に
沿ってファンタジーイラストを制作して
みよう。

POINT

01　キャラクターたちの目的を考える
02　近未来を描く
03　「らしさ」の演出

ファンタジーイラスト実践②

サイバーパンクとは

　サイバーパンクとはSFジャンルのひとつで、近未来都市を舞台にしたジャンルだ。人体と機械が融合し、脳内とコンピューターの情報処理の融合が「過剰に推し進められた社会」を描写する世界観を指す。小説や映画でも数多く作品が生まれている世界観だ。近年では、『アークナイツ』などを皮切りにゲームジャンルでの流行や、日本のアニメでは『AKIRA』『攻殻機動隊シリーズ』などが海外でも注目を浴び人気が根強く、イラストのジャンルとしても一般的になっている。

　そういった世界観が好みだという人でなければサイバーパンクの世界観を描くことはあまりなかったかもしれないのだが、サイバーパンクに限らず、仕事では自分が触れたことがないジャンルを描くことも多くある。実際に出版業界・ゲーム業界においても数年前、『艦隊これくしょん』などの「美少女×無機物」が一大ブームとなった時は美少女キャラクターを魅力的に描けるだけではなく、ガジェット（装置）などの機械にこだわって描けるイラストレーターに仕事が集中した。昨今では異世界ファンタジーの影響もあり、背景描写が得意なイラストレーターに需要が集まっている。

　自分の興味があるジャンルだけではなく、広くアンテナを張って何が流行っているのか・どのようなジャンルに今需要があるのかを知っておくことは仕事の幅を広げていく中で求！められることである。もちろん自分が「これは大好きで得意」というジャンルや世界観・キャラクターは全力で伸ばそう。それとはまた別に「100点は取らないが75点はとれる」制作経験を積むことにも挑戦してみてほしいのだ。

お題 ▶ 「サイバーパンク世界の男女」

このイラストテーマの意図

　サイバーパンクはコンピューターネットワークの進化やそれによる管理・支配を押し進めた世界のため、退廃的で暴力が横行する世界観であることが多い。また、そこで生活するキャラクターたちはサイボーグ化などの人体の機械化が一般的になっていたり、特殊なガジェットやバーチャル空間を使用することも珍しくない。

　一瞬ファンタジーとは全く別のものだと感じるかもしれないが、SFも異世界を描くジャンルだ。世界観を作り込んでいくプロセスの重要さは変わらない。見方・見せ方を鍛える意味でもイラストを見た人に「サイバーパンクの世界観だ」と認識してもらうためにはどこがポイントになってくるのかを研究してみよう。逆に、どんな部分をおざなりにすると「らしさ」が出ないのかも考えてみてほしい。

　なじみがない人にとってはやや難易度が高いお題かもしれないが、架空の世界だからこそ、考えて表現することがイラストの説得力や魅力につながっていくのだ。少々粗があっても「架空の世界」ならば違和感も小さくなるだろう。

> **テーマを基に今回描くものをアイディア出し**
> キャラクターは男女2人をデザインしたい。見た目や服装・アイテムでどのように「らしさ」を出せるか考えてみよう。
> サイバーパンクの世界観を見せるために背景は街中のイメージでイラストを制作していく。

01 キャラクターたちの目的を考える

その世界での行動理由は何か

　ファンタジー要素の強い世界観やキャラクターを描く際に特にやってみてほしいのが、キャラクターたちに「行動理念」をつけることだ。その世界においてのキャラクターが行動する理由を考えてみよう。

　なぜキャラクターの行動理由を設定する必要があるのだろうか？　結論から言えば、イラストで表現するキャラクターのポーズや行動を決める指針となってくるからだ。キャラクターの行動にはなにかしらの理由があり、時として信念をもって行動している。「キャラクターが何を正しいと思って生きているか」を明確にすることだ。

内面のキャラクター性

　価値観は人それぞれであるように、架空の世界でもキャラクターによって大事にするものは異なるだろう。「法律や社会の規律を重視することが正義」と考えるキャラクターもいれば、「自分の損得しか考えない。悪いことをしてもバレないだろう」と考えるキャラクターもいるはずだ。さらに、行動理念の設定によっては服装や装備も異なるかもしれない。例えば、国家警察のような立場だったとして、「絶対に犯罪者を取りしまる」といった正義感の強いキャラクターであれば装備や制服の着こなしまでカッチリしているだろう。反対に「立場を利用して自分の目的を果たす。組織に復讐する」といったトリックスター的なキャラクターであれば着こなしや態度が変わってくる。

　こういったキャラクターの行動理由は、現実の世界に近いシチュエーションであれば、見る人と価値観がある程度共通しているため共感や想像がしやすいのだが、ファンタジー世界のように現実とはまったく異なる価値観や環境であ

れば感情移入することが難しくなってくる。「なんでこんな行動をとっているの?」という違和感を抱かせないような説得力が必要なのだ。

　Chapter4で「ポーズで見た目の印象が変わる。自分が監督・キャラクターが俳優という気持ちで画づくりを行おう」と解説したが、キャラクターがいる一場面は彼らがその世界で生きている時間の切り取りだ。作品を描く監督が決めた演技プラン・キャラクターが演じる人物の行動理念が必要になる。描いているのが1枚のイラストである以上、行動に至る過程やその後の意外な展開や、キャラクターの精神的な成長や変化を一気に見せることは困難だろう。考えたことを全て見せる必要はないが、「なんとなく」動いているキャラクター描写にならないように心がけてほしい。

その世界環境で人はどう変わるのか

　SFの世界観では、ファンタジーでありながら現実からの延長の世界を描くことが多い。現実への皮肉も込めるジャンルでもあるのだ。サイバーパンクの世界も現代の科学技術の発達や自然破壊・政治・戦争などの先の世界として「AI(人工知能)が日常的」「人間がサイボーグ化」「貧富の格差がさらに広がる」と色々な「もしも」を考えてみよう。

アフター・ホロコースト	ホロコーストは大虐殺を指す。核戦争などで一度破滅し過酷な環境の中で生きていこうとする人々を描く。ポスト・アポカリプス(黙示録)とも言われる。 放射能による環境汚染やロボット兵器の暴走など過酷で非情な環境に直面した時登場人物たちはどう動くだろうか。
ディストピア	表面上は理想的な社会であるかのように見えるが、強制的な管理・制限・思想の強制・極端な多数の優先・格差などの支配者優先の「実現しうる最悪の社会」を描く。 場合によっては洗脳・粛清などルールの押し付けをされる。登場人物たちは最初支配されていることすら気づかない。気づいた時どう動くだろうか。

キャラクターデザインラフ

キャラクター設定

女性キャラクター	名前	カワセミ

名前は組織内での通称。
犯罪抑止のための治安警備組織として AI 国家から委託されている。チームのリーダー。自身がスラムの孤児出身で弱い者が嫌い。研究機関で全身サイボーグ化されたことで高い能力を手に入れた。物理的にも知能的にも能力が高く一目置かれている。世の中から弱者や犯罪者がいなくなれば良いと思っている。

男性キャラクター	名前	カラス

名前は組織内での通称。
カワセミの部下、天才ハッカーとして有名。カワセミに憧れていて、行動理由は国家や組織のためではなく彼女のため。
普段は柔和だが、時折残酷な一面やサイコパスな発言をする。

イラストの内容とラフを考えていく

　2人は同じ組織に所属している設定とした。素材や配色に共通項を持たせたコスチュームになっているが、カワセミの方がリーダーということで赤の部分の割合が大きく、着こなしも個性を出したアレンジにしている。それができるのは着崩してもとやかく言われない実力と地位があるからだろう。武器を所持していないことはやや違和感だが、サイボーグ化しているため肉体そのものが武器という理由があるなら問題ない。

　設定の中で、治安警備組織という所属組織を作った。描くシーンは実際に犯罪者の情報があった歓楽街で取り締まりの網を張るようなイメージだ。実際のラフでも部下のカラスが路地の奥を指さしており、これからそこへ向かうような仕草になってこの後の展開を期待させる。

　場面＝世界観をしっかりと見せたいので三分割構図を使いキャラクターと背景を配置していくことにした。カメラの位置は上からの俯瞰であれば絶望や不安感といった退廃的なイメージにも合うが、彼らの地位が国家から委託されている警備組織ということで、能力があることや威圧感を印象づけたい。あえてあおりのカメラ位置にして、背景も十分に見せる構図とした。

　あおりにしたことで、入り組んだビルのような建物や電子広告が出ているディスプレイなど場所がわかる要素も入れることができている。

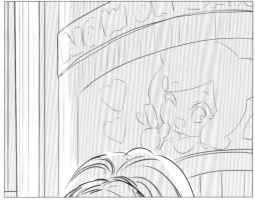

ラフスケッチ

02 　近未来を描く

ベースは現実の世界

　165ページでも触れたが、サイバーパンクの世界をはじめとしたSFの世界は、現実の世界の延長線上にある。現代でも明治や昭和の頃の建物が残っているなど、今に至るまでの歴史時間の流れがあるのと同じだ。

　インターネットや書籍を調べれば、さまざまな地域の開発の歴史も画像で見ることができる。首都圏のターミナル駅周辺などが時代が進むにつれてどのように変化してきたかなど、調べてみると参考になるはずだ。イラストをはじめ創作の世界であってもその基になってくるのは現実の世界なのだ。

今から未来を考える

　では、実際に架空の街並みを考えるプロセスとして、イラストの舞台の歴史を考えてみる。歴史を考えると聞くと、壮大な作業のように思えるかもしれないが、近未来の定義は数十年先のことだ。今ある技術や社会の延長線上を考えてみよう。そのためには、日常的にニュースを見たり新聞を読んだり、最新技術の情報にアンテナを張っておかなければならない。そういったものに興味がないという人も、イラストを描くにあたってまず調べるべきは現実の世界のことなのだと意識したい。

　近未来である約20〜30年後、「こうなっていたらいいな」と想像してほしい。既にこの30年で携帯電話はガラケーの時代からスマホに進化し、イヤホンやマイクもワイヤレスが進みハンズフリーでの生活が一般的になった。「未来だから」「サイバーっぽくしなくては」と気負い過ぎるのはご法度だ。必ずしも奇抜なことを考える必要はない。今の日常の延長を創造することで、程よく「あり得る」世界が作れるだろう。

ベースに「もしも」を加える

　次に、自分の「こうなっていたらいいな」に、世界の情勢や政治・気候や自然の影響などを「もしも」としてエッセンスを加えてみよう。発展だけとは限らない。戦争や差別・貧困・人口問題が進んだ世界はどうなっているだろうか？異常気象や温暖化、エネルギーや食料の問題はどうだろうか？　サイバーパンクの世界では科学技術が劇的に進化し、進化を無理に押し進めたがゆえに社会構造の歪や社会の崩壊が起こっていることが多い。現代の科学技術の中から、どの技術が強力に発達するのかを考えても良いだろう。ロボット技術なのか、仮想空間技術なのか、発達する技術。軸を決めるとイラストとして表現する要素も固まりやすい。

　今回のイラストでは AI の発達が加速した「AI 国家」を考えてみた。首相や政治家はおらず、AI が最適な政策を導き出す……ではその世界で元々いた政治家はどうなっているのだろうか？　当然反発があったはずだ。AI 国家が成立するまでに内戦で治安は最悪になった。そして、現代の地方自治制であったり民間に委託するようなイメージから考えたのが、治安警備隊とキャラクターたちだ。この先の展開として、AI 国家が過去の独裁者から政策を誤学習してしまい暴走を始める……と想像を広げると、イラストに入れる要素はまた変わるに違いない。

　そして、こういった SF 世界の歴史を考えながら、イラストの世界は「西暦何年なのか」も決めておくと良いだろう。具体的に「西暦 2033 年」の世界とさらに遠未来を指す「西暦 20XX 年」を描くとのではやはり世界はガラリと違うだろう。自分が描いている世界が何年後で、どんな世界で……と順を追って考えていくことで、表現が難しいとされる SF 世界も説得力のあるイラストに変化していく。

カラーラフ

03 「らしさ」の演出

サイバーパンクらしさを

　Chapter 6でも扱った現実具体性に改めて解説したい。下記のカラーラフ（左）と完成版を見比べてみてほしい。カラーラフから比べると、完成版は辺りが暗く、ネオンサインや電光掲示板の光以外は光源がないことが伝わってくる。科学が急激に発達した世界では酸性雨や公害といった自然破壊が進み、空や太陽は見えずに薄暗いというのが、サイバーパンクの世界観が全体的に暗い

印象である理由でよく用いられるもののひとつだ。このような「らしさ」は、カラーラフの時点で完成形のイメージができていなければ演出できない。らしさの演出は、ファンタジーなどの架空の世界観を表現するうえでは特に重要になる。らしさのイメージを固めるには世界観構築の他にも、より具体的に考えるための資料集めが欠かせない。

　例えば、キャラクターたちの服の質感について考えてみよう。サイバーパンクの世界は科学が発達した未来を舞台にしているので、服の素材もポリエステルなどの化学製品素材が使われており、コットンやウールといった天然素材は使われていないだろう。ではその質感を「らしさ」として表現するために、現実にある化学製品の服やファッションについて資料を集めてみることでアイディアが固まってくる。

作品からインスピレーションを得る

　とはいえ、「らしさ」がそもそもわからない・手探りの状態ではなかなか先に進まない。もちろん好きなジャンルや世界観であればなおさら突き詰めて魅力的な世界観を考えてみてほしいのだが、実際に小説やマンガ・アニメの世界観づくりは何ヶ月もかかることも普通である。

　世界観を作り上げることは大切だが、世界観作りにとどまってしまってイラスト制作ができないということは避けたい。世の中にはたくさんの創造性に満ちた作品が既にある。制作が停滞しないように、既存作品の世界を知ることからインスピレーションを受けてみよう。

　ほんの一部になってしまうが、SF・近未来の世界観を見事に表現している映画・アニメ作品などを紹介しておく。制作における刺激にしてほしい。

有名な SF・近未来作品	
映画作品	『スター・ウォーズ』『インターステラー』 『オデッセイ』『A.I』『アイ・ロボット』『ターミネーター』 『ガタカ』『マトリックス』『ブレードランナー』 など
アニメ作品	『機動戦士ガンダムシリーズ』『エヴァンゲリオンシリーズ』 『攻殻機動隊シリーズ』『銀河英雄伝説』『AKIRA』『電脳コイル』 『パプリカ』『ベイマックス』『ニンジャスレイヤー』 など

完成イラスト

やや薄暗い中でも、キャラクターにスポットがあたるよう光源や配置が考えられている。

Chapter12
商業用のイラスト

お題：天空までそびえる塔とキャラクター

　最後の Chapter では、本の表紙など商業のイラストの制作について触れる。プロのイラストは、そのコンテンツの売上を左右する重要な仕事だ。

POINT

01　商業イラスト制作の前提
02　完成したイラストを発展させる

商業用のイラスト

誰でも依頼を受けられる時代

書籍の表紙や挿絵・ゲームのキャラクターイラスト・企業や団体のマスコットキャラクターなど、仕事としてイラスト制作の依頼を受けて描かれたものを商業イラストと呼ぶ。また、仕事を依頼できる／依頼を受けるイラストの基準を商業レベルと言ったりもする。

仕事をもらえるレベルってどのくらい？　自分の実力は商業レベルなの？と悩む人もいるだろうが、仕事をもらうためには次に挙げる2つのラインをクリアしなければならならい。

商業活動が続く条件

まずひとつは、最低限の画力をつけているかだ。これは単にキャラクターや背景が上手く描けるかだけでなく、ここまででも解説してきた「見た人が違和感を覚えることがないイラストか」「魅力的なイラストか」ということである。あなたが描いたイラストが起用された表紙・パッケージ・ポスターなどによって売り上げに影響を与えるのだから当然である。

2つ目は、「仕事」としてイラストを描けるか。仕事を依頼する側は、イラストレーターの実力以上に、この「仕事をする社会人としてのマナーやモラル」を見て仕事の継続や依頼するか否かを決めることが多い。

メールの返信がない、打ち合わせに遅刻する、依頼している仕事内容の愚痴や不満をSNSで書き込んでしまう、など、イラストの仕事でなくともされると困る・損害を被るような人に依頼はしたくない。逆に、2つ目ができる作家には継続的に仕事の依頼が舞い込む。

お題 ▷「天空までそびえる塔とキャラクター」

このイラストテーマの意図

　このお題は、どんなジャンル・絵柄でも表現がしやすい。書籍やゲームのメインビジュアルであれば、現実でもファンタジー要素の強い世界観でも表現できる。公共のポスターや自治体のマスコットキャラクターなどであれば、塔を電波塔やタワーと解釈してイラストの内容を考えてみることもできるだろう。

　ただし、どのような絵柄でも表現しやすいと書いたが、媒体とジャンルによって特徴や傾向があることは知っているだろうか。

　例えば書籍のジャンルであれば、児童書用のイラストは読者層である子どもたちに近い年齢のキャラクターがメインで、色味も明るい。ライトノベルでは男性向け・女性向けで特徴や描かれているモチーフも大きく異なる。どちらも華やかな仕上がりで、近年はキャラクターだけではなく世界観・背景が描かれているものが主流だ。キャラクター文芸は場面をしっかり描いていて引きの構図が多い。商業イラストの傾向もこの機会に研究してみよう。

　意識したいのは、架空の仕事の依頼を受けたと想定すること。完成したイラストを使用する媒体を決めて描いてみてほしい。

テーマを基に今回描くものをアイディア出し

キャラクターは3人。媒体はファンタジー小説の表紙と設定する。

本来は原稿をある程度読んで描くことになるが、今回はイラストレーター自身でイラストの内容を考えてもらった。

キャラクターデザインラフ

キャラクター設定

大まかなあらすじ

神々の時代よりそびえたつとされている塔。その頂上にたどり着いたものはどんな願いも叶えられると言われている。塔の中は秘宝も多く眠っているが、モンスターもはびこる危険な場所。亡き妹に瓜二つの謎の少女に出会い、主人公とヒーラーは塔の頂上を目指すことになる。

名前	リヒト（主人公）	職業	剣士
魔物に襲われ幼いころ妹を亡くしている。			

名前	エレーナ	職業	ヒーラー
塔で消えた神官を追っており、旅の途中で主人公の仲間となる。			

名前	ルー	職業	謎の少女
リヒトがある日出会った謎の少女。ほとんど言葉を話さない。			

イラストの内容とラフを考えていく

ここまでの解説を踏まえつつ、イラストの内容とラフを考えていこう。

まず、「天空までそびえる塔」を見せるには、やはり空を広く映して塔を強調させたい。塔のデザインはあらすじで考えた世界観に合わせて中世ファンタジー風を意識した。

次にキャラクター。主人公のリヒトは貴族や騎士ではなく凡庸な剣士として。あまり装飾がないシンプルなデザインの甲冑や剣のデザインにした。少し裾がボロボロになっているマントや、全体的な色味であまり豊かな暮らしをしていないことを物語っている。

対照的にヒーラーのエレーナは帽子や服・杖も装飾やデザインに凝ったものを身に着けているようにした。そうでないとメインキャラクターが全員地味な衣装になってしまうからだ。

謎の少女ルーは全体的に白く儚い印象にしている。羽もそうだが、裸足であることもその世界において異質な存在なのではないかという想像を巡らせることができるデザインになっている。

このイラストの主人公はリヒトだが、物語のキーパーソンとなってくるのは塔とルーである。画面のセンターのラインにはこのキーパーソンとなる彼女とそびえたつ塔を入れたい。そうすると、画面の構図は三角構図が採用できそうだ。手前にリヒトとエレーナを配置し、それぞれが塔を見上げるような表情にすることで、塔の不気味さやこれから何かが起こるような不穏さも出そう。

しかし、手前にいるキャラクターたちが塔を見上げていては、後頭部が正面を向いてしまい2人の魅力が伝わらない。そこで、カメラを切り替え、正面からの表情を見せるよう彼らを配置した。

もちろん、キャラクターの見せ方としてサイズのメリハリも忘れてはいけない。キャラクターたちと塔、全てのサイズが異なることで画面にリズムが生まれ視線誘導も行いやすくなった。

ラフスケッチ

01 商業イラスト制作の前提

知っておきたいいくつかのこと

　商業のイラスト仕事をする際、知っておきたいことがいくつかある。

　まず、基本的な解像度について。イラスト制作ソフトの初期設定である75dpi や 150dpi といった低い解像度でイラストを制作していないだろうか？　SNS やウェブ上にアップする分には問題ないのだが、商業イラストでは制作したイラストをウェブ上にアップするだけとは限らない。

　本の表紙やポスターなど、紙に印刷するには、少なくともカラーイラストは300dpi、モノクロイラストは 600dpi で制作する必要がある（クライアントから指定がある場合はそれに順じてほしい）。低い解像度で描き始めてしまうと修正することができず、制作のし直しに陥ってしまうこともありうる。

　クライアント側が指定に含めてくれることがほとんどだが、中には、「商業イラストレーターは知っていることが前提」として、特に指示をしてこないクライアントもいる。お互いに「知らなかった」でトラブルにならないよう、サイズや解像度、完成したイラストの使用範囲は依頼された時に確認しよう。

　もうひとつ基本的なことは、カラーモードだ。自分で設定していなければ、ほとんどのデジタルソフトは「RGB モード」というカラーモードで制作している状態になる。ウェブやゲームなどの媒体はこのカラーモードなのだが、特に商業の書籍・印刷物は原則「CMYK モード」でないと印刷ができない（モノクロは「白黒」または「グレースケール」）。さらに、RGB（加法混色）の色は CMYK（減法混色）で表せないこともあるので注意が必要だ。カラーモードは後からも変更できるが、ソフトによっては CMYK への変換ができないこともあるため、手元のソフトはどうなのか確認してみよう。

クライアントに寄り添った仕事を

　実際に依頼を受けた時の流れをみていこう。商業イラストはいきなり完成物をクライアントに送るようなことは絶対にない。相手が望むものと違うイラストになっている可能性が高いし、完成させてしまった後では修正が難しくなり、描き直すスケジュールもないだろう。

　商業イラストは、クオリティもさることながら、クライアントから何を求められているのか、方向性は合っているのかが大事になる。段階的に確認を受け、修正をしていって最終的に完成品を納品するわけだ。

　基本的にはまずラフを作成するのだが、ラフも複数案提出することが通例である。クライアントが良いと思った方を選ぶことができるからだ。ラフを提出する際はデータ容量が比較的軽い JPG 形式で提出するようにしてほしい。クライアントのパソコンのほとんどはイラスト制作ソフトを入れていないビジネス用のパソコンなので、すぐに確認ができる JPG データのような軽いデータ形式が望ましい。ラフの後はカラーラフや線画も確認されることも多くあるが、その際も JPG 形式で送るようにしよう。イラスト完成品＝納品データはPSD 形式というデータ形式を指定されることが多い。

　イラストに限らず仕事は「相手のことを考える」ことで円滑に進みやすい。イラストレーターにも都合があるように、クライアント側にも都合がある。それを確認しながらすり合わせを行っていこう。

　このような制作の前提知識があるのとないのとでは、イラストレーターとしての信頼・安心感が全然違う。詳細の解説はここではしないが、商業イラストを目指している人は自身でも学んでみてほしい。

解像度とカラーモードは納品時に勘違いをしていると大変なことになる場合もある。イラストレーター側もよく確認をしておこう。

帯とグラフィックデザイン

　商業イラストが世に出る時は、タイトルや情報などのデザインがほどこされた状態になる。書籍であっても、ゲームのパッケージイラストであっても、ポスターであっても、多くの場合「ロゴを作る」「文字情報を配置する」といったいわゆる「デザイン」を行うのは専門のデザイナーが担当する。なので、イラストレーターが担当するのはイラスト部分のみだ。

　媒体や使用方法によっては、「キャラクターと背景ごとにレイヤーが分かれ

顔と武器が帯に隠れてしまう。

たデータも納品してほしい」「ウェブ上で途切れず展開したいので、指定サイズの画面外もある程度描き込んでほしい」などと依頼されることもある。最終的にどのように使用されるのかを考えながら仕事を進められると対応がしやすい。ラフや線画もその都度データを残しておくと、なにかあった時に対処しやすくなる。

　今回のイラストはゲームパッケージを想定しているのだが、書籍イラストを

やってみたいという人もいると思う。その際に意識しておかなければならないのが、大半の書籍には帯がかかるという点だ。

　帯とは書籍の下部につけられている細長い紙のことである。キャッチコピーや「発行部数〇〇部突破！」などといった売り文句が書かれており、購買意欲を引き立てる目的を果たしている。そのため、イラストの約３分の１は帯で隠れると思ってほしい。大事な要素や隠れてはまずい部分はこの位置には描かないようにしよう。

　もうひとつ、書籍にはタイトルが入る。そのため、タイトルを入れる場所をある程度想定して構図を考えたい（デザイナーから先に提案やイラストの指定が来る場合もある）。ぽっかり空きすぎてしまうとイラストとしておかしくなることもあるので極端なことはしなくていいが、キャラクター顔や重要アイテム（今回なら塔）の配置には気を配りたいところだ。制作をしていて迷う場合は、あらかじめクライアントに相談した方が修正は少なく済むだろう。

　このように、商業イラストは制作したイラストが店頭やネットに並ぶことを頭の片隅において制作していくと良いだろう。

　また、基本的には文字情報やデザインが入らなくても見る人に伝わる・魅力的なイラストにすることが大前提だ。

店頭に足を運んでみよう

　自分のイラストが伸び悩んでいるように感じる・商業イラストについてピンと来ないという人は、ぜひ書店やゲームショップに赴いてみてほしい。店内に置かれている書籍やパッケージで、目につくイラストがあるはずだ。

　なぜそのイラストに惹かれたのか、目についたのか理由を考えてみよう。構図だろうか？　色だろうか？　キャラクターだろうか？　どのようなジャンル・商品も、見る人が惹かれ購入してもらえるように工夫をこらして制作されているはずだ。

　書店はイラスト以外の本の表紙も数多くある。自分の興味があるもの以外のジャンルや表紙も観察してみよう。以外なアイディアや、配色、惹かれる方向性が発見できるかもしれない。

　単にイラストが上手い・そうでないという観点ではなく、見て感じた情報を基に自分の商業レベルを上げていこう。

カラーラフ

02 完成したイラストを発展させる

架空のロゴを入れてみよう

　ロゴをデザインしたり文字情報を配置したりするのはデザイナーの仕事と前述したが、練習としてこのお題の制作でロゴマークを考え、イラストに配置してみることを考えていく。

　このイラストがメインビジュアルとして起用される作品タイトルを、仮に『ISEKAI FANTASY』と設定した。そのままと言えばその通りだが、既視感があるタイトルの方が最初は考えやすい。

　タイトルからどんなロゴが似合うか模索してみよう。イメージを形にする方法はキャラクターデザインやイラスト制作に近い。サンプルイラストではイラストレーターに4案のロゴをラフスケッチしてもらった。

　プロのデザイナーも、ロゴ制作の過程ではまずラフスケッチをたくさん描いてアイディアをまとめていく。ラフで練ったアイディアを基に、デザインソフト（Adobe Illustrator を使用する人が圧倒的に多い）で制作していく。

みなさんならどんなロゴをイメージするだろうか？　自由に考えてみて、制作したイラストに配置してみてほしい。キャッチコピーも入れてポスター風にもしてみてもいいだろう。世界観に合うタイトルロゴを考え、ロゴ制作の過程で資料を集めたり考えたりすることは経験になるはずだ。

　また、もうひとつ意識したいのが、「ターゲットに合っているのか」だ。ロゴもイラストも、商業作品ということはこの架空ゲームを購入してプレイする人がいる。この架空ゲームを購入したいと思う層（ペルソナとも呼ばれる）を設定して、その人たちの好みに刺さるような色や雰囲気にしていくのが「ターゲットとコンセプトを決める」プロセスになる。

　逆に、既存の好きな作品を自分なりに研究して解析することもおすすめだ。「なんの媒体で使われたか」「ターゲット（購入層）はどの層か？」「なぜこのキャラクターデザインなのか」「構図の理由」「配色の理由」と自分なりに考えてみるのだ。理由を考えたら、クライアントからの要望と想定して箇条書きにし、自分ならどう描くか、制作してみるといいだろう。

ポートフォリオをつくる

　もしもこの本のお題を全て描いてくださった方がいたら、今手元には 12 枚のイラストが揃っていることになる。自分のイラストを右のページのように並べてみると、自分の強みや特徴がより明確になってくるだろう。

　イラストの仕事をしたい相手にアピール（売り込み）するための方法として、自分の作品をまとめるポートフォリオがある。売り込みをしなくても、自分の作品はぜひまとめておこう。

　ポートフォリオを就職活動などで使用する際は、クリアファイルに印刷したものを入れていくことが多い。紙面は基本的に過剰な装飾はせず、シンプルにイラストを大きく見せる方が良い。下部に少しだけ文字を入れるスペースを設け、いつ頃描いたものか、制作に何時間かかったか、使用ソフトを明記するとそのイラストの情報がわかって親切だ。なにか賞を受賞したり使用されたりしたならそのことも書いていこう。

　大切なのは、自分のイラストをいかに良く見せるかだ。なので、印刷する際はイラスト用の印画用紙を使用しよう。印刷した時の色味もアピールするうえではとても大切な要素だ。汚れや雑な作りのポートフォリオでは、クライアントはマイナスなイメージを抱きかねない。

　紙で印刷する以外にも、インターネット上でポートフォリオサイトを作ったり、ブログや投稿サイトに載せたりする人もいる。もし仕事の依頼がとれるようになりたいという人は、できる限り色々な方法で作品を見せる機会を増やすに越したことはないだろう。

　仕事のアピール用であれば、自分のプロフィールや経歴もきちんと載せよう。イラストレーターはハンドルネームで活動する人が多い。ホームページやSNS も持って活動しよう。これまでの活動履歴や、自分の得意・強みなどを丁寧にアピールすることで「この人に頼みたい」と思わせるポイントにもなってくる。連絡先なども忘れずに明示しておきたい。

　ポートフォリオは自分の画集ではない。そのため、ただ描いたイラストを無作為に入れれば良いというわけではない。自分の強みを十分にアピールすることを第一に考えよう。ポートフォリオの表紙には一番自信のあるイラストを起用したい。また、二次創作のイラストは入れず（入れるとしても最後に）、オリジナルのみにしよう。

　自身のイラストの強みが自分ではわからない……そんな人は、第三者に作品を一度見せてみよう。自分が目指す目標や方向性と、絵の印象はどうだろうか。自分でも気づいていない強みが、人に見せることで発見できるかもしれない。

完成イラスト

三角構図を効果的に使うことで、塔とルーが話の核となるような予感を持たせている。

おわりに

　榎本事務所として、各種学校や講演会、特別講座などでイラストの授業をはじめて15年近くが経つ。

　きっかけは、書籍の編集者並びにイラストを発注する側としての経験を伝えて欲しいと言われ、学生さんのイラストにアドバイスをするようになったことからだった。そういった学校に通っている学生さんの絵を見たり、授業を行う中で感じてきたのは、技術・技法的なテクニックの習得度や成長は一律ではないということだ。

　当然、本書を手にとってくださったみなさんも技術的な習熟度やご自身が悩んでいらっしゃる上達へのポイントは人それぞれ異なるだろう。

　画風もいろいろな方がいて、初心者から中級者がいる中で、「それぞれのイラストの良さを伸ばしさらにレベルアップできる内容で、弊社がお伝えできることは何だろう？」と長年試行錯誤してきたが、今回その集大成としてまとめたのが本書となる。

　本書で紹介した内容を授業や講演会で実際にお話をすると、参加してくださった方々からは「初めて聞いた話だった」「確かに、と思えた」「ちょっと変えただけでものすごく良いイラストになった」といったお言葉をいただいている。そういった「少し意識しただけでも良くなった」という実感は、次の制作へのモチベーションや自信にも繋がる。

　画力や技法は大切だが、それだけに捉われイラストの技術上達に苦痛を感じ、筆を折ってきた方を何人も見てきた。そうならないためにも、本書で画作りの考え方を取り入れることで、少しでもステップアップに繋がれば幸いだ。

　また、イラストに正解はないということはお伝えしておきたい。本書でお伝えしている内容は、あくまでも「より目立つイラストにするには」という考え方の全般論だ。「この方がかわいい・かっこいいよ！」というご自身の感覚を無理にねじまげる必要は無いし、書いてあること全てを血肉にする必要はない。

　これをきっかけに、ぜひご自身でも積極的に調べ吸収していってほしい。今回も含めて、できればその際に納得したことや気になったこと・疑問などはメモとして残していくことをおすすめする。ノートやパソコンでまとめを作ってもいい。悩んだりつまずいた時に、自分の言葉でメモをした内容を見返すことは、絵を描き続けるためのヒントになるはずだ。

　最後に、本書の完成にあたり尽力くださった編集の落合氏、ラフや制作過程も含め長期にわたりご協力くださった、イラストレーターの幸原ゆゆ氏へ感謝を申し上げる。

榎本事務所

編集・レイアウト・本文デザイン●株式会社榎本事務所
ブックデザイン●奈良岡菜摘デザイン事務所
担当●落合 祥太朗
イラスト●幸原ゆゆ

■問い合わせについて
本書の内容に関するご質問は、下記の宛先まで FAX または書面にてお送りください。なお、お電話によるご質問、
および本書に記載されている内容以外の事柄に関するご質問にはお答えできかねます。あらかじめご了承ください。

〒 162-0846
東京都新宿区市谷左内町 21-13
株式会社技術評論社　書籍編集部
「イラストの魅力を伝える「画作り」の考え方」読者質問係
FAX：03-3513-6181
Web：https://book.gihyo.jp/116
※ご質問の際に記載いただいた個人情報は、ご質問の返答以外の目的には使用いたしません。また、ご質問の返答後は速や
　かに破棄させていただきます。

イラストの魅力を伝える
「画作り」の考え方

2024 年　2 月 20 日　初版　第 1 刷発行

著　　　　西田あすか
編著者　　榎本秋、鳥居彩音、榎本事務所
発行者　　片岡 巌
発行所　　株式会社技術評論社
　　　　　東京都新宿区市谷左内町 21-13
　　　　　電話：03-3513-6150　販売促進部
　　　　　　　　03-3513-6185　書籍編集部
印刷／製本　図書印刷株式会社

定価はカバーに表示してあります。

ISBN978-4-297-14003-8 C3055

Printed in Japan